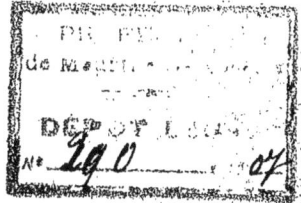

VENTILATION

DES

CASERNES BÉTONNÉES

Par M. TRICAUD

CAPITAINE DU GÉNIE

AVEC NEUF FIGURES DANS LE TEXTE

BERGER-LEVRAULT ET Cⁱᵉ, ÉDITEURS

PARIS | NANCY
5, RUE DES BEAUX-ARTS, 5 | 18, RUE DES GLACIS, 18

1907

VENTILATION

DES

CASERNES BÉTONNÉES

Par M. TRICAUD

CAPITAINE DU GÉNIE

AVEC NEUF FIGURES DANS LE TEXTE

BERGER-LEVRAULT ET Cie, ÉDITEURS

PARIS | NANCY
5, RUE DES BEAUX-ARTS, 5 | 18, RUE DES GLACIS, 18

1907

Extrait de la *Revue du Génie militaire* (Mars 1907).

VENTILATION

DES

CASERNES BÉTONNÉES

1. — La ventilation des casernes bétonnées de nos grandes places a fait l'objet d'une étude récente parue dans la *Revue du Génie* (¹).

La solution préconisée consiste à insuffler à la partie inférieure des locaux à ventiler de l'air pur puisé à l'extérieur au moyen d'un ventilateur centrifuge et à extraire l'air vicié par des sortes de drains établis à la partie supérieure des locaux.

Les expériences entreprises à Verdun, et dont le compte rendu est donné dans l'article précité de la *Revue,* ont justifié ces dispositions et ont montré qu'en toute saison, c'est-à-dire quel que soit le signe de la différence des températures extérieures et intérieures, les résultats étaient satisfaisants.

La solution expérimentée peut donc être employée en toute confiance.

Nous nous proposons de développer ici cette solution et d'étudier les règles qu'il convient d'observer pour choisir un ventilateur, déterminer le nombre de tours qu'il faut lui imprimer, calculer la force du moteur nécessaire, déterminer la multiplication à donner au système d'engrenages réunissant le moteur et le ventilateur, tracer les conduites de desserte, choisir leur diamètre et, enfin, calculer la section des orifices de sortie de l'air.

---

1. 1904, t. XXVIII, p. 379.

Ces diverses opérations sont moins simples qu'on serait tenté de le croire *a priori*. Ce serait par exemple une grave erreur que de compter comme débit d'un ventilateur sur celui qu'indique le constructeur dans son catalogue pour le cas où le ventilateur débouche directement dans l'air. La détermination du débit d'un ventilateur muni d'une conduite d'aspiration et de refoulement est bien plus compliquée, et c'est un problème dont la solution dépend autant des conduites de desserte que du ventilateur proprement dit.

Dans cette étude, nous commencerons d'abord par indiquer la valeur des pertes de charge les plus importantes que l'air est exposé à rencontrer dans les conduites. Nous étudierons ensuite sommairement la théorie du ventilateur centrifuge. Muni de ces données, nous pourrons alors aborder le calcul des éléments d'une installation de ventilation mécanique. Nous terminerons enfin par une application numérique qui mettra nettement en évidence la nécessité d'entreprendre les calculs dont il est question ici.

Perte de charge dans les conduites

2. — Lorsqu'un gaz s'écoule dans une conduite et qu'un régime permanent s'établit, on peut appliquer à ce gaz le théorème de Bernouilli, c'est-à-dire qu'en appelant V la vitesse du gaz (que nous exprimerons ici en mètres par seconde), g l'accélération de la pesanteur (que nous prendrons ici égale à 9,81 m), Δ le poids de l'unité de volume du gaz (1,2472 kg pour de l'air à 10° sous la pression de 760 mm de mercure), p la pression du gaz (que nous exprimerons ici en kilogrammes par mètre carré) et z la cote du point considéré, on a

$$(1) \qquad \frac{V^2}{2g} + \frac{p}{\Delta} + z = \frac{V'^2}{2g} + \frac{p'}{\Delta'} + z',$$

les lettres accentuées se rapportant à un autre point choisi dans la conduite.

En réalité, les deux membres de la relation ci-dessus ne sont point égaux, à cause des frottements et des chocs que le gaz éprouve dans la conduite, et l'on a

$$(2) \qquad \frac{V^2}{2\,g} + \frac{p}{\Delta} + z = \frac{V'^2}{2\,g}\,\frac{p'}{\Delta'} + z' + Z,$$

Z est ce que l'on appelle la perte de charge entre les deux points considérés.

Voici la valeur des pertes de charge les plus importantes que l'on rencontre dans les conduites.

1° Perte de charge à l'entrée de l'air dans un tuyau

A l'entrée de l'air dans un tuyau, il se produit une perte de charge qui est donnée par la formule de Bellanger. En appelant q le débit de la canalisation (exprimé ici en mètres cubes par seconde), et Σ la surface (en mètres carrés) de la section du tuyau d'entrée, on a

$$Z = \frac{1}{4}\frac{V^2}{g} = \frac{1}{4}\frac{1}{g}\frac{q^2}{\Sigma^2}.$$

On en conclut que la perte de pression pour de l'air à 10° et à la pression de 760 est donnée par la formule suivante

$$(3) \qquad \Delta p = 0,03178 \; V^2.$$

2° Perte de charge à un coude

Lorsque la canalisation présente un coude, il se produit une perte de charge pour laquelle Weisbach a donné la formule

$$Z = \alpha \frac{1}{2\,g} V^2 = \alpha \frac{1}{2\,g} \frac{q^2}{\Sigma^2},$$

où α est un coefficient dépendant de la nature du coude.

Pour un coude brusque, α a pour valeur

$$\alpha = 0{,}9457 \sin^2 \frac{i}{2} + 2{,}047 \sin^4 \frac{i}{2},$$

i étant l'angle du coude.

Lorsque la canalisation présente un coude arrondi au lieu d'un coude brusque, la perte de charge est moins forte. Dans un tuyau circulaire, le coefficient α ne dépend que du rapport $\frac{d}{D}$ du diamètre du tuyau au diamètre du cercle du coude. Dans une conduite carrée, le coefficient α ne dépend que du rapport $\frac{a}{D}$ du côté du carré au diamètre du cercle du coude. On a dans le premier cas

$$\alpha = 0{,}131 + 1{,}847 \left(\frac{d}{D}\right)^{\frac{7}{2}},$$

et dans le second

$$\alpha = 0{,}124 + 3{,}104 \left(\frac{a}{D}\right)^{\frac{7}{2}}.$$

On en conclut que, pour de l'air à 10° et à la pression de 760 mm, la perte de pression due à un coude brusque à angle droit est

$$(4) \qquad \Delta p = 0{,}06255 \ V^2.$$

Dans les mêmes conditions, un coude arrondi pour lequel on aurait $\frac{d}{D}$ ou $\frac{a}{D}$ égale à 0,25 produit une perte de pression de

$$(5) \qquad \Delta p = 0{,}009217 \ V^2.$$

pour une conduite circulaire, et de

$$(6) \qquad \Delta p = 0{,}009408 \ V^2$$

dans une conduite carrée.

On remarquera que la perte de charge due à un

coude arrondi est indépendante de la longueur de ce coude. On ne devra donc pas oublier d'ajouter cette longueur à celle des éléments droits de la canalisation, quand on calculera la perte de charge causée par le frottement de l'air dans les conduites (n° 5 ci-après).

3° Perte de charge due à une brusque augmentation de section (fig. 1)

Cette perte de charge est donnée par la formule

$$Z = \frac{1}{2\,g} \left(\frac{1}{\Sigma} - \frac{1}{\Sigma'} \right)^2 Q^2.$$

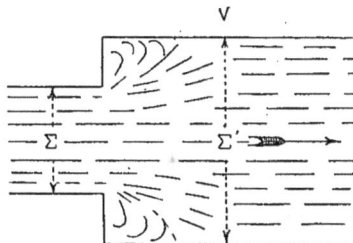

V

Fig. 1

On en conclut que pour de l'air à 10° et à la pression de 760 mm, il se produit une perte de pression de

$$\Delta p = 0{,}06357 \; Q^2 \left(\frac{1}{\Sigma} - \frac{1}{\Sigma'} \right)^2.$$

4° Perte de charge due à une brusque diminution de section (fig. 2)

Cette perte de charge est donnée par la formule

$$Z = \frac{1}{2} \frac{V'^2}{2\,g} = \frac{1}{4\,g} \frac{Q^2}{\Sigma'^2}.$$

On en conclut que pour de l'air à 10° et à la pression de 760 mm, il se produit une perte de pression de

$$\Delta p = 0,03178 \, V'^2.$$

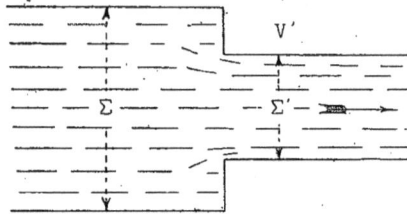

Fig. 2.

5° *Perle de charge due au frottement de l'air dans les conduites*

La perte de charge due au frottement de l'air dans les conduites n'a pas pu être traduite par une formule aussi simple que celle qui représente la perte de charge qu'éprouve l'eau dans les conduites. On a dans le cas de l'air

$$(7) \qquad Z = \frac{\alpha V + \beta V^2}{D} \, l;$$

α et β sont deux coefficients variant un peu avec le diamètre de la conduite, l est la longueur (en mètres) de la canalisation et D le diamètre (également en mètres) du tuyau.

Pour de l'air à 10° et à la pression de 760 mm, la perte de pression est donnée par la formule

$$(8) \qquad \Delta p = \frac{a V + b V^2}{D} \, l,$$

où a et b sont des coefficients donnés en fonction du diamètre par le tableau ci-contre :

D	a	b	D	a	b
m			m		
0,05	0,00 35	0,00 29	0,081	0,00 29	0,00 24
0,10	0,00 27	0,00 23	0,135	0,00 23	0,00 22
0,15	0,00 22	0,00 215	0,20	0,00 16	0,00 20
0,25	0,00 12	0,00 18	0,30	0,00 09	0,00 16
0,35	0,00 06	0,00 15	0,40	0,00 037	0,00 14
0,50	0,00 01	0,00 12	0,60	0,00 00	0,00 11
0,70	0,00 00	0,00 10			

Lorsque la canalisation n'est pas circulaire, la perte de pression se calcule toujours d'après la formule 8 ; on donne à D la valeur

(8 *bis*)
$$D = 4 \frac{S}{s},$$

S étant la section et s le périmètre de la conduite.

On remarquera que lorsque la vitesse de l'air est assez grande, et que le diamètre du tuyau n'est pas trop petit, la perte de pression se réduit sensiblement au terme $b \dfrac{V^2}{D} l$.

Le tableau ci-dessus s'applique à des tuyaux en fonte ou à des poteries rugueuses. Pour des tuyaux en tôle galvanisée ou en zinc, ou bien pour des poteries vernissées, il faut multiplier les coefficients a et b par $\dfrac{2}{3}$.

6° *Débit d'une petite ouverture percée sur un tuyau*

Si, sur une conduite où règne une pression dépassant la pression atmosphérique de p kg par mètre carré, on perce une ouverture de surface Σ, la quantité d'air qui s'écoule (en mètres cubes par seconde) est donnée par la formule

(9)
$$q = 0,61\, \Sigma \sqrt{2\,g\,\frac{p}{\Delta}} ;$$

avec de l'air à 10° et à la pression de 760 mm, cette formule devient

$$(10) \qquad q = 2,41 \ \Sigma \ \sqrt{p}.$$

Dans les mêmes conditions de température et de pression, si l'air s'échappe par un ajutage cylindrique, on a

$$q = 3,21 \ \Sigma \ \sqrt{p}.$$

7° Perte de charge dans un tuyau débitant de l'air par une quantité de petites ouvertures

On est conduit dans la ventilation des casernes bétonnées à faire déboucher l'air pur fourni par le ventilateur au-dessous du premier étage des lits de camp. Pour que

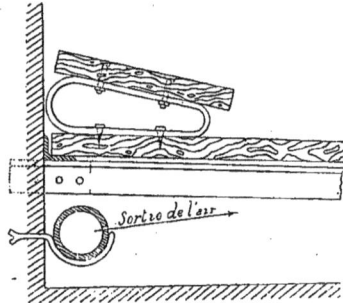

Fig. 3.

le courant d'air ainsi produit ne soit pas gênant pour les occupants, et pour que cet air se mélange plus intimement avec l'atmosphère de la chambre, on a intérêt à multiplier le plus possible le nombre des ouvertures de sortie de l'air. On est ainsi amené à la disposition indiquée figure 3. L'air se déverse dans la pièce à ventiler par une quantité de petites ouvertures percées dans le tuyau d'amenée de l'air un peu au-dessus du plan diamétral horizontal de la conduite. De cette façon, le courant

d'air qui se produit ne soulève pas la poussière du sol et
s'étale sous les planches ([1]) du lit de camp.

On règle l'écartement et la surface de ces ouvertures
de manière à avoir le long du tuyau un débit constant.
Dans ces conditions, on peut admettre que tout se passe
comme si la conduite débitait une quantité d'air uniforme
sur toute sa longueur. C'est avec cette hypothèse que
nous calculerons la perte de charge qui se produit alors
dans la conduite.

Nous cherchons en somme ce que l'on appelle, en
hydraulique, la perte de charge d'une conduite ayant un
service de route uniforme.

Soient : l la longueur de la conduite, q le volume d'air
que laisse échapper cette conduite par mètre courant.
Soit Q le volume d'air total que laisse échapper la conduite. On a évidemment

$$Q = ql.$$

A l'extrémité de la conduite, il s'écoule encore un certain volume d'air ω par seconde.

La perte de charge due au frottement qui se produit
entre deux sections situées à une distance x et $x + dx$ de
l'extrémité de la conduite est donnée par la formule 7
qui devient ici.

$$dZ = \left[\alpha \frac{qx + \omega}{\pi \frac{D^2}{4}} + \beta \frac{(qx + \omega)^2}{\pi^2 \frac{D^4}{16}} \right] \frac{dx}{D}.$$

En intégrant de o à l, on obtient

$$(11) \quad Z = \left[\frac{1}{2} \alpha \frac{Ql}{\pi \frac{D^2}{4}} + \frac{1}{3} \beta \frac{Q^2 l}{\pi^2 \frac{D^4}{16}} + \alpha \frac{\omega l}{\pi \frac{D^2}{4}} + \beta \frac{\omega^2 l}{\pi^2 \frac{D^4}{16}} + \beta \frac{\omega Q l}{\pi^2 \frac{D^4}{16}} \right] \frac{1}{D}.$$

Telle est la formule que nous voulions établir.

---

[1]. Pour que cet air ne puisse passer entre les planches du lit de camp et
gêner ainsi les dormeurs, on peut placer sur une certaine zone au-dessous
de ces planches une toile cirée, ce qui n'empêche d'ailleurs pas le lit de
camp d'être démontable.

Supposons maintenant que les ouvertures soient toutes distantes les unes des autres d'une quantité fixe ε, et proposons-nous de calculer le diamètre à donner à ces ouvertures pour que l'on ait effectivement un débit uniforme q par mètre courant.

Soit p l'excès de pression dans la conduite, vis-à-vis la dernière ouverture, par rapport à la pression atmosphérique. La surface de cette ouverture sera donnée par la formule 10 ci-dessus qui devient ici (en supposant l'air à 10° et à la pression de 760 mm)

$$(12) \qquad \Sigma_u = \frac{q\varepsilon}{\sqrt{p}} \frac{1}{2,41}.$$

Si, entre la première et la dernière ouverture, il se produit une perte de charge Z, la perte de pression dp entre ces deux ouvertures sera

$$dp = Z\Delta,$$

Δ étant la densité de l'air dans la conduite. On en conclut que la surface de la première ouverture du tuyau sera

$$(13) \qquad \Sigma_1 = \frac{q\varepsilon}{\sqrt{p + dp}} \frac{1}{2,41}.$$

La surface des ouvertures comprises entre la première et la dernière se calculerait par des formules analogues. Pratiquement il suffira de choisir des surfaces variant d'une manière continue entre Σ_1 et Σ_u.

3. — *Remarque.* — Il est nécessaire dans une installation de ventilation de calculer la surface et l'écartement des orifices de sortie de l'air. La solution qui consiste à placer le long des tuyaux d'amenée de l'air de larges ventouses dont on peut régler le débit par une vanne ne nous paraît pas recommandable, pour les deux raisons suivantes :

1° La manœuvre des vannes et l'appréciation du débit

qu'elles permettent sont assez malaisées à faire sous les lits de camp ;

2° Pour que la presque totalité de l'air fourni par le ventilateur n'aille pas sortir par les ventouses les plus rapprochées de lui, au lieu de se répartir entre toutes les ventouses, il faut que ces ouvertures de sortie aient chacune une surface convenable. Le réglage des ouvertures au moyen des vannes, de manière à faire produire à chacune d'elles un débit proportionné au besoin, exige toute une série de tâtonnements et constitue une opération trop longue et trop délicate pour être faite au moment du besoin par les occupants. En supposant même que l'on soit arrivé à un moment donné à un réglage convenable des ouvertures, il suffirait que l'on déplace une seule des vannes de l'installation pour que tout ce réglage soit à refaire.

Il semble donc préférable de munir les conduites d'air d'ouvertures fixes convenablement percées d'avance, de manière à produire juste la quantité d'air qu'il est nécessaire d'avoir en chaque point (¹).

---

1. Ce calcul des ouvertures de sortie est un problème que l'on n'a généralement pas à résoudre dans les études de distribution d'eau, qui présentent pourtant pas mal d'analogie avec les distributions d'air. Dans les distributions d'eau en effet le débit en chaque point de puisage est généralement discontinu. On donne alors aux ouvertures de sortie — aux robinets — une section bien supérieure à celle qui serait nécessaire pour produire le débit journalier moyen de l'ouverture.

On trouve toutefois un calcul analogue à celui de nos ouvertures de sortie de l'air, dans les installations — de plus en plus nombreuses maintenant — où l'on se propose d'aspirer certaines poussières nuisibles à la santé des ouvriers : poussières des meules, cardage du lin, ensachage du ciment, délissage des chiffons, etc. Là, le problème est un peu différent. Il s'agit toujours d'obtenir un volume d'air aspiré constant pour un certain nombre de bouches d'aspiration branchées sur une même conduite, mais ici la forme de ces bouches et leurs dimensions se trouvent imposées par quelques raisons industrielles. Pour l'aspiration des poussières produites par les meules par exemple, les bouches d'aspiration doivent épouser la forme des meules, qu'elles entourent comme un capuchon. On est alors conduit à réaliser la constance du volume d'air aspiré par ces bouches en agissant sur la conduite d'air. On donne à chaque point de cette conduite une section variable convenablement calculée de manière à obtenir le débit constant que l'on désire. Cette section augmente à mesure que l'on se rapproche du ventilateur.

Débit d'un ventilateur

4. — La théorie des ventilateurs est un problème fort
délicat si l'on veut analyser de près tous les phénomènes
qui se passent dans ces appareils. Comme nous n'avons
pas l'intention de construire un ventilateur de plus en
plus parfait, mais simplement de savoir utiliser convenablement les appareils que l'on trouve dans le commerce,
nous pouvons nous contenter de l'aperçu théorique suivant.

Nous supposerons d'abord que l'air est soumis dans
le ventilateur à des pressions différant assez peu de la
pression atmosphérique pour que l'on puisse négliger ses
variations de volume. Cette hypothèse revient à regarder
l'air comme un liquide à température constante.

Nous négligerons aussi l'action de la pesanteur sur
l'air, ce qui revient à supposer que toute l'installation
de ventilation est contenue entre deux plans horizontaux
peu différents de cote l'un de l'autre.

Ceci posé, considérons le ventilateur représenté figure 4.
Soit r_0 le rayon le plus petit des aubes mobiles, r_1 le plus
grand et r un rayon intermédiaire. Soit l la largeur du
ventilateur que nous supposerons, pour simplifier, constante. Soit a le rayon du tuyau d'entrée du ventilateur,
de l'ouïe du ventilateur, comme on dit. Soit ω la vitesse
de rotation angulaire des aubes mobiles.

L'air avant de pénétrer dans les aubes mobiles est guidé
par un distributeur dont l'extrémité des cloisons fait un
angle α avec un rayon issu de O.

Soient de même β et γ les angles des directions extrê-
mes des aubes mobiles avec le rayon aboutissant à leurs
extrémités.

Soit P_0 la pression aux ouïes, P_1 la pression à la fin
du distributeur, P_2 la pression à l'origine des aubes mobiles, p la pression en un point intérieur aux aubes, P_3

la pression à l'extrémité des aubes, P_1 la pression dans l'enveloppe du ventilateur contre les aubes mobiles, et soit enfin P la pression à la bouche de sortie du ventilateur.

Nous allons chercher les relations qui existent entre ces diverses pressions.

1° Depuis l'ouïe du ventilateur jusqu'à l'entrée dans les aubes mobiles, l'air n'est soumis à aucune force, puis-

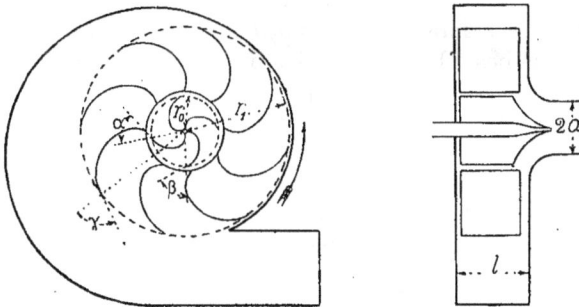

Fig. 4. — Coupe transversale et longitudinale d'un ventilateur.

que nous négligeons l'action de la pesanteur. Nous pouvons donc appliquer à cet air le théorème de Bernouilli qui est traduit par la relation 2 ci-dessus. Cette relation donne ici

$$(14) \quad \frac{1}{2\,g}\frac{Q^2}{(\pi a^2)^2} + \frac{P_0}{\Delta} = \frac{1}{2\,g}\frac{Q^2}{(2\,\pi r_0 l \cos \alpha)^2}$$
$$+ \frac{P_1}{\Delta} + mQ^2 + nQ,$$

$m\,Q^2 + n\,Q$ représente la perte de charge due au frottement de l'air dans l'ouïe et le distributeur et celle qu'éprouve l'air pour changer de direction.

2° Voyons maintenant ce qui se passe à l'intérieur des aubes mobiles.

Nous allons appliquer à l'air contenu dans ces aubes

une généralisation du théorème de Bernouilli que l'on peut énoncer ainsi :

L'expression ([1])

$$T = \frac{V^2}{2} + \frac{pg}{\Delta} - \frac{V'^2}{2} - \frac{p'g}{\Delta'}$$

est égale au travail des forces appliquées à l'air depuis le point où la vitesse est V' jusqu'au point où la vitesse est V.

Écrivons la valeur de T à l'intérieur des aubes mobiles en ne considérant que le mouvement de l'air par rapport à ces aubes. Dans ce cas, T aura pour expression

$$T = \frac{Q^2}{2\,(2\,\pi\,lr_0\,\cos\beta)^2} + \frac{P_2 g}{\Delta} - \frac{Q^2}{2\,(2\,\pi\,lr'_1\,\cos\gamma)^2} - \frac{P_3 g}{\Delta}.$$

Les forces appliquées à l'air dans son mouvement relatif dans les aubes sont données par le théorème de Coriolis, qui se traduit par la relation vectorielle

$$\overline{F} = \overline{F}_e + \overline{F}_r + \overline{2\,m\,\omega\,V_r\,\sin\theta},$$

F étant la force réellement appliquée à l'air,

F_e la force d'entraînement,

F_r la force relative ;

$2\,m\,\omega\,V_r\,\sin\theta$ est le produit de la masse par l'accélération dite complémentaire.

T est égale au travail de la force F_r depuis l'extrémité extérieure des aubes mobiles jusqu'à l'extrémité intérieure de ces mêmes aubes.

Le travail de F_r est égal à celui de la force représenté par

$$\overline{F} - \overline{F}_e - \overline{2\,m\,\omega\,V_r\,\sin\theta}.$$

---

[1]. Si nous regardions l'air, non plus comme incompressible, ainsi que nous l'avons supposé en débutant, mais comme un gaz parfait à température constante, T aurait pour valeur

$$T = \frac{V^2}{2} + \frac{Lp}{K} - \frac{V'^2}{2} - \frac{Lp'}{K},$$

K' étant une certaine constante.

Examinons l'expression du travail produit par chacun de ces trois termes.

Le travail de F est nul, car la seule force appliquée à l'air est due à l'action des aubes sur l'air. Si nous négligeons le frottement de l'air sur les aubes, cette force est normale à l'aube. Son travail dans le mouvement relatif est donc nul.

De même le travail de la force $2\,m\,\omega\,V_r\,\sin\theta$ est nul, car on sait que cette force est perpendiculaire à la vitesse

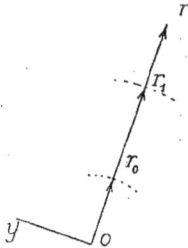

Fig. 5.

relative. Il ne reste donc plus que le travail de la force $-F_e$.

L'expression de cette force est

$$-F_e = \omega^2 r,$$

en prenant le sens des axes de coordonnées comme cela est indiqué figure 5.

Le travail de cette force depuis r_1 jusqu'à r_0 est

$$\frac{1}{2}\,\omega^2\,(r_0^2 - r_1^2).$$

On a donc en définitive

$$(15)\quad \frac{Q^2}{2\,(2\,\pi l r_0\cos\beta)^2} + \frac{P_2 g}{\Delta} - \frac{Q^2}{2\,(2\,\pi l r_1\cos\gamma)^2}$$
$$- \frac{P_3 g}{\Delta} = \frac{\omega^2}{2}\,(r_0^2 - r_1^2).$$

3° A l'entrée de l'air dans les aubes mobiles, il se produit un phénomène complexe. Considérons deux cas :

a) Supposons d'abord que l'air n'éprouve aucun choc dans les aubes mobiles. On a évidemment dans ce cas

$$P_1 = P_2.$$

Pour que ce cas se produise, il faut que la vitesse d'entrée de l'air soit égale à la résultante de la vitesse d'entraînement des aubes et de la vitesse relative de l'air dans ces aubes. Cette condition s'exprime par la relation

$$(16) \quad \frac{Q^2}{(2\pi l r_0 \cos\alpha)^2} = \frac{Q^2}{(2\pi l r_0 \cos\beta)^2} = \omega^2 r_0^2$$
$$- 2 \frac{Q\omega r_0}{2\pi l r_0 \cos\beta} \sin\beta.$$

b) Supposons maintenant qu'il y ait un choc à l'entrée dans les aubes mobiles. Le choc se produit entre les aubes et l'air. Ces aubes produisent une percussion donnant un certain travail T. On en conclut, d'après la généralisation donnée plus haut du théorème de Bernouilli, que l'expression

$$\frac{V^2}{2} + \frac{pg}{\Delta}$$

doit augmenter de T en passant dans les aubes mobiles.

D'autre part, l'air éprouve en entrant dans ces aubes une perte de charge analogue à celle qui se produirait à un coude d'une canalisation. Cette perte de charge tend à diminuer le terme

$$\frac{V^2}{2} + \frac{pg}{\Delta}.$$

Il est assez malaisé de dire ce qu'il résulte de ces deux actions contraires ; nous admettrons qu'il y a compensation et que l'on a encore ici

$$(17) \qquad\qquad P_1 = P_2.$$

Cette hypothèse nous ramène au premier cas examiné,

lorsque l'entrée de l'air a lieu sans choc. C'est d'ailleurs ce qui se passe à peu près dans la pratique. Dans les ventilateurs que l'on trouve en effet dans le commerce — et contrairement à ce qui se passe dans les turbines et les pompes centrifuges — le distributeur n'a pas de cloisons dont l'extrémité fait l'angle que nous avons appelé α. C'est l'appel d'air produit par la rotation des aubes qui conduit les filets gazeux. Il est probable que, par suite de l'élasticité de l'air, l'inclinaison finale α de ces filets gazeux varie suivant la valeur de la vitesse de rotation que l'on imprime au ventilateur, de manière que l'entrée se fasse à peu près sans choc.

En résumé, nous pouvons toujours poser

$$P_1 = P_2$$

et compter que la relation 16 est satisfaite.

4° A la sortie des aubes mobiles, il se produit un phénomène encore plus complexe qu'à l'entrée. Nous ne chercherons pas à analyser ce phénomène et nous poserons encore ici

$$(18) \qquad P_3 = P_4.$$

5° A l'intérieur de l'enveloppe du ventilateur, l'air n'est soumis à aucune force, puisque nous négligeons l'action de la pesanteur. Nous pouvons donc appliquer à cet air le théorème de Bernouilli qui donne ici

$$(19) \quad \frac{Q^2}{2\,g\,(2\,\pi\,r_1\,l\cos\gamma)^2} + \frac{P_4}{\Delta} = \frac{Q^2}{2\,g\,(S^2)} + \frac{P}{\Delta} + sq^2 + tQ;$$

le terme $sq^2 + qt$ représente les pertes de charge qui se produisent dans l'enveloppe; S est la section de la base du ventilateur.

5. — Éliminons maintenant P_1, P_2, P_3, p et α entre les relations 14, 15, 16, 17, 18 et 19; on obtient une relation de la forme

$$(20) \qquad P - P_0 = A\omega^2 + B\omega q + Cq^2 + Dq,$$

où A, B, C et D sont des constantes pour un même ventilateur [1].

Telle est la relation fondamentale que nous voulions obtenir.

Étant donné un ventilateur, pour avoir les valeurs des constantes A, B, C et D relatives à ce ventilateur, il suffit de mesurer dans quatre conditions de marche distinctes les valeurs de ω, de q et de $P - P_0$. En portant ces quatre systèmes de valeurs dans la relation 20, on obtient quatre équations d'où l'on peut tirer la valeur des constantes [2].

6. — Dans les expériences à faire pour déterminer les constantes A, B, C et D, on mesure sans difficulté ω, mais q et $P - P_0$ sont plus malaisés à déterminer.

Il y a lieu en effet de remarquer que l'on ne peut mesurer directement la différence $P - P_0$ au moyen d'un manomètre. Pour que l'indication fournie par cet instrument soit exacte, il faut que le gaz soit au repos, ou tout au moins que sa vitesse soit négligeable. Il est nécessaire alors d'employer l'artifice suivant dû à M. Tournaire, qui a fait en 1860, sur les ventilateurs, des expériences qui sont restées classiques.

On fait déboucher le ventilateur dans une grande caisse étanche. On dispose sur le pourtour de cette

---

1. Ceci n'est qu'approximativement vrai. En effet le terme mq^2 de la relation 14 dépend de α, et cette quantité α n'a pas disparu dans l'élimination que nous avons faite des termes dans lesquels nous avions mis en évidence P_1, P_2, P_3, p et α.

2. La valeur de A déduite des équations ci-dessus est $\dfrac{\Delta \left(r_1^2 - r_0^2 \right)}{2g}$. Il vaut mieux déterminer expérimentalement la valeur de A, car on trouve toujours expérimentalement une valeur un peu inférieure à la valeur théorique. Cette diminution du coefficient de ω^2 provient surtout du jeu qui existe inévitablement entre les palettes des aubes mobiles et les flasques entre lesquelles elles tournent. Grâce à ce jeu, il y a constamment un mince filet d'air qui part de l'enveloppe du ventilateur et qui revient aux ouïes. D'autres phénomènes interviennent également pour diminuer la valeur de ce coefficient. L'écart entre la valeur mesurée et la valeur théorique est assez sensible dans les ventilateurs à aubes convexes faisant des angles très aigus avec la circonférence de rayon r_1.

caisse un certain nombre d'ouvertures que l'on peut ouvrir ou fermer à volonté. L'expérience montre que, dans ces conditions, et pourvu que la caisse soit assez grande et que les ouvertures soient convenablement réparties, l'air ne prend dans cette caisse que des vitesses très faibles. On peut alors faire usage du manomètre et lire directement la valeur de $P - P_0$. On calcule ensuite facilement la valeur du débit en mesurant la surface totale des ouvertures de la caisse et en se servant de la formule 10.

En faisant varier le nombre des ouvertures de la caisse, on obtient aisément plusieurs systèmes de valeur de ω, q et $P - P_0$.

Il est quelquefois possible de se servir d'un anémomètre pour mesurer directement la vitesse de sortie de l'air. On déduit alors aisément de cette mesure q et $P - P_0$.

7. — Pour terminer l'exposé de ce qui nous est utile de savoir sur les ventilateurs, nous chercherons l'expression du travail absorbé par un ventilateur en marche. Ce travail est en partie absorbé par les organes du ventilateur roulant les uns sur les autres, en partie consommé par le frottement de l'air sur les parois du ventilateur et en partie emporté par l'air.

Cherchons l'expression de ces trois travaux.

Le travail de frottement des organes du ventilateur les uns sur les autres est indépendant du débit, il est proportionnel à la vitesse de rotation. On a donc

$$T_1 = F\omega,$$

F étant une constante.

Le travail dû au frottement du gaz contre les parois du ventilateur et le travail perdu par les chocs doivent avoir une expression de la forme

$$T_2 = Gq + Hq^2,$$

G et H étant deux constantes.

Enfin, le travail perdu emporté par l'air est égal à la force vive de cet air. On a donc

$$T_3 = Eq^3,$$

E étant une constante.

En résumé, le travail nécessaire pour faire produire à un ventilateur un débit q a une expression de la forme

(21) $$T = Eq^3 + F\omega + Gq + Hq^2.$$

Étant donné un ventilateur, pour avoir la valeur des quatre constantes E, F, G et H relatives à ce ventilateur, il suffit de mesurer dans quatre conditions de marche distinctes les valeurs de q et de ω. En portant ces quatre systèmes de valeur dans la relation 21, on obtient quatre équations d'où l'on peut tirer la valeur des constantes.

Remarque. — Les relations 20 et 21 caractérisent complètement la marche d'un ventilateur. Elles donnent des résultats satisfaisants même en faisant varier dans d'assez larges limites les valeurs de $P - P_o$, q et ω.

Si l'on dispose non pas seulement de quatre expériences pour déterminer les valeurs des huit constantes qui entrent dans ces deux relations, mais si l'on a le loisir d'effectuer autant de mesures que l'on veut sur un certain ventilateur, on peut chercher à représenter la marche de ce ventilateur d'une manière tout à fait exacte, en traçant les courbes que M. Rateau a nommées « courbes caractéristiques ».

Les figures 6 et 7 donnent un schéma de ces courbes. On porte en abscisses, par exemple, les valeurs de ω, en ordonnées les valeurs de q et l'on trace pour la figure 6 le faisceau de courbes pour lequel on a

$$P - P_o = C^{te},$$

et pour la figure 7 le faisceau de courbes pour lequel on a

$$T = C^{te}.$$

Une fois ces courbes obtenues au moyen d'un grand nombre de mesures, la marche du ventilateur est complètement connue. Ayant deux quelconques des quantités

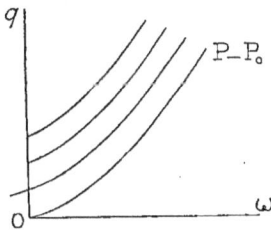

Fig. 6.

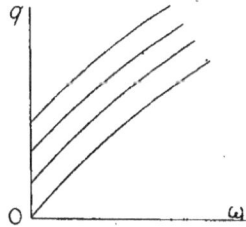

Fig. 7.

q, ω, T et P — P_0, les courbes caractéristiques déterminent les deux autres.

Calcul d'une installation de ventilation mécanique

8. — Nous avons maintenant en main tout ce qui est nécessaire pour déterminer les éléments d'une installation de ventilation mécanique.

Ces calculs ressemblent fort à ceux qu'exigent les projets d'adduction d'eau et l'on a à résoudre des problèmes analogues.

Pour la ventilation des locaux à l'épreuve, il paraît avantageux de conduire le calcul de la façon suivante.

On commence par déterminer pour chaque pièce à ventiler la quantité d'air dont on a besoin([1]). On choisit

---

1. Un homme produit par heure 22 l d'acide carbonique ; d'autre part, l'air peut être respirable tant qu'il ne contient pas plus de $\dfrac{5}{1\,000}$ d'acide carbonique. On peut déduire de là la quantité q d'air pur à introduire dans une enceinte pour chaque habitant. Écrivons en effet qu'il y a égalité entre la quantité d'acide carbonique produit par la respiration et la quantité d'acide carbonique enlevé par la ventilation. On obtient

$$q\,\frac{5}{1\,000} = 22, \qquad \text{d'où} \qquad q = 4\,400 \text{ l.}$$

On doit donc fournir au moins 5 m³ par heure et par homme. Il vaudra mieux en prévoir le double.

ensuite l'emplacement du ventilateur et on trace les conduites d'aspiration et de refoulement de l'air.

L'emplacement du ventilateur sera choisi de manière que le souffle des projectiles tombant dans le voisinage de la prise d'air pur ne puisse pas venir briser le ventilateur ou détériorer les conduites d'aspiration de l'air. On placera par exemple le ventilateur à l'extrémité d'une conduite d'aspiration de 30 cm sur 30 cm de section et d'une longueur de 5 à 6 m au moins. On aura soin de placer cette conduite tout entière à l'intérieur du mur de béton de la façade de la caserne, et on lui donnera deux coudes brusques à angle droit.

On tracera les conduites de refoulement de manière à desservir les locaux à ventiler en suivant le chemin le plus court et en évitant les coudes brusques qui donnent des pertes de charge considérables.

Il faut maintenant choisir le diamètre des canalisations. Ce problème, tout comme son analogue en hydraulique, est indéterminé. On prend des diamètres quelconques et on vérifie ensuite qu'ils donnent satisfaction. Pratiquement on aura intérêt à choisir les diamètres par comparaison avec ceux adoptés dans une installation paraissant bien établie.

Il ne reste plus alors à déterminer dans l'installation que les sections des bouches de sortie de l'air, et le modèle du ventilateur à employer.

Remarquons d'abord qu'il suffit de choisir arbitrairement une des ouvertures de sortie de l'air pour que toutes les autres se trouvent par cela même déterminées.

En effet, considérons une de ces ouvertures d'évacuation, par exemple une ouverture située à l'extrémité d'un des branchements de la canalisation, et fixons-nous arbitrairement sa section. On sait d'autre part le volume d'air que doit débiter cette ouverture, la formule 9 fera alors connaître la pression qu'il est nécessaire d'avoir vis-à-vis l'ouverture. Connaissant la pression à l'extrémité d'un des branchements de la canalisation, on en déduit, par l'application des formules données plus haut pour les pertes de pression dans les conduites, la pression P à la buse de sortie du ventilateur.

L'application des mêmes formules à la conduite d'amenée de l'air au ventilateur fera connaître la valeur P_0 de la pression à l'ouïe du ventilateur.

La connaissance de la pression existant sur un certain chemin de la canalisation allant de la prise d'air à une bouche d'évacuation permet de calculer — toujours par l'application des mêmes formules des pertes de pression — la pression qui doit exister dans tous les embranchements de la canalisation. On a donc la pression vis-à-vis chacune des ouvertures de sortie de l'air, et la formule 9 fait connaître leur section.

Tous les éléments de la canalisation se trouvent ainsi déterminés.

Il reste à choisir le ventilateur.

9. — Le choix d'un ventilateur revient à déterminer un appareil produisant un volume connu d'air sous la pression $P - P_0$ que nous avons calculée.

Un tel problème est indéterminé. Si l'on prend, en effet, un ventilateur quelconque et que l'on exécute sur lui les essais dont nous avons parlé au paragraphe 6 de cette étude, nous parviendrons à déterminer les valeurs numériques des constantes, particulières à ce ventilateur, qui entrent dans la relation 20. Si l'on donne alors dans cette relation à $P - P_0$ et à q les valeurs de la pression et du débit que nous voulons réaliser dans notre installation, nous obtenons une équation d'où l'on peut tirer ω.

Ainsi, en prenant un ventilateur quelconque, ce ventilateur peut répondre aux besoins de l'installation, pourvu qu'on lui imprime une vitesse convenable. Nous devons donc nous poser la question sous la forme suivante : quel ventilateur doit-on choisir de préférence ?

Il est certain que le meilleur ventilateur sera celui qui

consommera le moins de force ; or nous avons vu que les
pertes de travail dans un ventilateur proviennent surtout
des chocs de l'air et à l'entrée et à la sortie des aubes
mobiles. Pour avoir un bon ventilateur, il est donc nécessaire de faire dans chaque cas particulier, et suivant
les données particulières du problème, un projet de ventilateur. Telle est, en effet, la solution que l'on adopte
dans les installations importantes, comme la ventilation
des mines ou des grands tunnels. Pour la ventilation des
locaux bétonnés, on doit se contenter des ventilateurs
que l'on trouve couramment dans le commerce. Il s'agit
seulement de savoir choisir.

Voici les considérations qui doivent servir de guide
dans son choix.

Les constructeurs établissent généralement trois
classes de ventilateurs : les ventilateurs à haute, à
moyenne et à basse pression. Ces appareils sont aussi
appelés indifféremment ventilateurs à petit, à moyen et
à grand débit.

Dans chacune de ces classes de ventilateur, le tracé
des aubes est étudié de manière à éviter le plus possible
les pertes de travail, pour certaines valeurs particulières
du débit, de la pression et de la vitesse de rotation.
Ainsi, un ventilateur à basse pression est établi de manière à travailler dans de bonnes conditions économi-
ques lorsqu'il débite une grande quantité d'air sous une
faible pression.

D'autre part, ces ventilateurs, dans leurs usages industriels les plus fréquents, débitent généralement l'air
avec des conduites d'aspiration et de refoulement très
courtes. Leur fonctionnement est alors peu différent de
ce qui se passerait s'il puisait l'air et le refoulait directement sans conduite. Les constructeurs ont été ainsi con-
duits à munir leurs ventilateurs de buses de sortie d'un
diamètre tel qu'en faisant fonctionner ces ventilateurs
directement dans l'atmosphère, la pression et le débit

qui en résultent correspondent au meilleur emploi des appareils. Ces valeurs favorables de ω, de q et de $P - P_o$ sont celles que les constructeurs indiquent dans leurs catalogues. Pour un certain ventilateur fonctionnant à l'air libre, l'expression $\dfrac{q}{\sqrt{P - P_o}}$ est à peu près constante quand ω varie. C'est la valeur de cette constante qui caractérise le ventilateur.

Pour choisir le ventilateur le plus convenable qui convient à une installation, il suffit de prendre celui pour lequel le rapport $\dfrac{q}{\sqrt{P - P_o}}$ indiqué par le constructeur se rapproche le plus possible de celui que l'on veut obtenir dans l'installation. On sera ainsi certain de faire travailler le ventilateur dans des conditions voisines de celles que les constructeurs indiquent comme particulièrement avantageuses [1].

10. — Une fois que l'on aura fait choix d'un ventilateur, il sera nécessaire de calculer la vitesse de rotation qu'il faut lui imprimer pour qu'il réalise exactement le débit et la pression demandés. Il faudra également connaître le travail qu'il est nécessaire de fournir.

On procédera pour cela à la détermination des coefficients numériques des termes entrant dans les relations 20 et 21; il faudra exécuter les deux systèmes de mesures dont nous avons parlé au paragraphe 6 de cette étude. On portera ensuite dans ces relations 20 et 21 la valeur de q et de $P - P_o$ que l'on veut réaliser, et on tirera de la première relation la vitesse rotative ω qu'il

---

1. Il y aura lieu également de faire entrer en ligne de compte dans son choix le mode de construction du ventilateur. Il est nécessaire d'avoir un ventilateur robuste et silencieux. Cette dernière condition s'obtient au moyen d'un bon centrage de la turbine, ce qui supprime le ronflement du ventilateur, au moyen d'un bon système de graissage et enfin par un choix convenable des organes transmettant le mouvement. On ne peut guère employer que des cônes de friction, des chaînes de Galle, des courroies, des roues hélicoïdales avec une vis sans fin ou certaines roues à chevrons.

faut imprimer au ventilateur, et de la seconde le travail T qu'il faut consommer.

Connaissant ω et T, il sera aisé de choisir le moteur suffisant pour faire fonctionner le ventilateur, et le système d'engrenages qui doit relier le moteur au ventilateur.

11. — En résumé, dans une installation de ventilation, en choisissant arbitrairement le diamètre des conduites et une des ouvertures de sortie de l'air, on est amené, en suivant la méthode indiquée ci-dessus, à déterminer tous les autres éléments de la ventilation.

La solution ainsi obtenue est-elle forcément satisfaisante et y a-t-il lieu de s'en tenir là ?

Il n'en est rien, car l'installation doit remplir toute une série de conditions qui n'ont point été exprimées par nos formules. On ne doit donc considérer la solution obtenue que comme une première approximation ; on en obtiendra une seconde plus satisfaisante en modifiant dans un sens convenable les données primitives — diamètre des conduites et section d'une des ouvertures de sortie de l'air — que nous avions choisies arbitrairement, et en recommençant une deuxième fois les calculs sur ces nouvelles données.

Voici trois conditions qu'il est nécessaire que l'installation remplisse et voici le sens dans lequel il convient de modifier les données primitives pour que, dans la deuxième solution, ces conditions se trouvent, sinon complètement réalisées, du moins mieux réalisées que dans la solution primitive.

1° La vitesse de rotation ω, calculée au moyen de la formule 20, peut être trouvée trop considérable, soit pour le moteur dont on dispose, soit pour la résistance des organes mécaniques du ventilateur ([1]).

---

1. On ne dépasse pas pratiquement une vitesse de 90 m pour les extrémités des aubes mobiles. M. Rateau a pourtant expérimenté un ventilateur en acier de choix en allant jusqu'à une vitesse de 250 m pour l'extrémité des aubes.

Il faut, dans ce cas, ou bien prendre un ventilateur d'un plus grand diamètre, ou bien augmenter la section des conduites d'air. Cette augmentation de section diminue la valeur de $P - P_o$, et par suite la valeur de ω.

2° Il peut arriver que la vitesse de sortie de l'air à une des branches d'évacuation soit trop considérable. Il ne semble pas que l'on puisse dépasser la vitesse de 2 m (1) par seconde pour l'air débouchant sous les lits de camp ou sous le plafond d'un local et 3o cm partout ailleurs. On remarquera que, d'après la formule 10, l'excès de pression de la conduite sur l'air du local à ventiler sera de 0,688 kg pour la vitesse de 2 m et de 0,015 kg pour la vitesse de 3o cm.

Les remèdes à appliquer contre une vitesse de sortie exagérée sont simples. S'il s'agit d'une ouverture située sur le trajet allant du ventilateur à l'ouverture dont on a choisi la section arbitrairement, il faut, ou bien augmenter le diamètre des conduites comprises entre les deux ouvertures, ou bien augmenter la section de l'ouverture arbitraire. S'il s'agit d'une ouverture située sur un autre branchement, on doit, ou bien augmenter le diamètre des conduites dans le trajet compris entre l'ouverture arbitraire et le point où commence le branchement considéré, ou bien diminuer le diamètre des conduites dans la partie comprise entre ce dernier point et l'ouverture considérée, ou enfin augmenter la section de l'ouverture arbitraire. Ces différents remèdes peuvent s'appliquer simultanément.

3° Il ne faut pas que la vitesse de sortie de l'air soit

---

1. Cette valeur de 2 m est encore inférieure à celle (3 m) que l'on admet parfois pour la vitesse d'arrivée de l'air dans les installations de chauffage par l'air chaud lorsque l'on dirige la veine d'air chaud de manière qu'elle s'étale sur le plafond du local à chauffer. Ce maximum de 2 m paraît d'autant plus admissible ici que nous préconisons de déverser l'air par de très petites ouvertures, et que le mince filet gazeux ainsi obtenu, même animé d'une vitesse assez grande à son origine, perd rapidement cette vitesse en rencontrant une grande masse d'air avec laquelle il se mélange et en s'étalant sous les planches des lits de camp.

trop faible. Dans ce cas, en effet, la pression de l'air dans la conduite diffère trop peu de la pression à l'intérieur de la pièce à ventiler, et le moindre remous de l'air arrête le débit.

On ne doit pas descendre au-dessous d'une vitesse de 10 cm par seconde, ce qui correspond à un excès de pression dans la conduite de 0,0017 kg.

On augmentera la vitesse de sortie de l'air en appliquant les remèdes inverses de ceux que nous avons indiqués ci-dessus pour diminuer cette même vitesse.

Application numérique

12. — L'application des formules citées plus haut ne présente aucune difficulté. Nous croyons pourtant utile de donner une application numérique, de manière d'abord à enlever l'indécision que l'on éprouve parfois dans le choix des unités à employer et enfin pour montrer, chiffres en main, la nécessité de calculer tous les éléments d'une installation de ventilation mécanique, au lieu de laisser au hasard le soin d'en déterminer les dimensions.

Le tracé des conduites de l'installation que nous nous proposons d'étudier est représenté schématiquement figure 8. On a indiqué la longueur de chaque conduite et l'on a marqué à l'extrémité de chacun des trois branchements de desserte la quantité d'air que doit produire par heure chaque branchement.

Conformément à la méthode exposée au paragraphe 8, nous nous donnerons la section de toutes les conduites et d'une des ouvertures de sortie de l'air. Ces sections sont indiquées sur la figure schématique.

Proposons-nous maintenant de calculer toutes les ouvertures à percer dans les conduites de desserte, de choisir un ventilateur convenable, de calculer la vitesse de rotation qu'il faudra lui imprimer et enfin de déterminer le travail qui sera absorbé par le ventilateur.

13. — Commençons par calculer la pression P_o à l'ouïe du ventilateur. Cette pression sera égale à la pression atmosphérique diminuée des pertes de pression qui se produisent dans les conduites d'amenées. Calculons ces pertes de pression.

La perte de pression Δp_1 due aux deux coudes brusques B et C est donnée par la formule 4 qui devient ici

$$\Delta p_1 = 0,06255 \times 2 \times \frac{1\ 100}{(0,2)^4} \frac{1}{(60 \times 60)^2} = 7,309 \text{ kg}.$$

La perte de pression Δp_2 causée par le coude arrondi D est donnée, en supposant que l'on ait pour ce coude $\frac{a}{D} = 0,25$, par la formule 6 qui devient ici

$$\Delta p_2 = 0,009408 \left(\frac{1\ 100}{60 \times 60 \times 0,20 \times 0,20} \right)^2 = 0,5489 \text{ kg}.$$

La perte de pression Δp_3 qui se produit à l'entrée en A est donnée par la formule 3 qui devient ici

$$\Delta p_3 = 0,03178 \left(\frac{1\ 100}{60 \times 60 \times 0,2 \times 0,2} \right)^2 = 1,854 \text{ kg}.$$

Cherchons enfin la perte de pression Δp_4 due au frottement de l'air dans la conduite. La relation 8 bis donne

$$D = 4 \frac{0,2 \times 0,2}{4 \times 0,2} = 0,2,$$

la formule 8 devient alors

$$\Delta p_4 = \frac{0,0017 \times \frac{1\ 100}{60 \times 60 \times 0,2 \times 0,2} + 0,002 \left(\frac{1\ 100}{60 \times 60 \times 0,2 \times 0,2} \right)^2}{0,20} 4 = 2,5936 \text{ kg}.$$

En résumé la pression à l'ouïe du ventilateur est égale à la pression atmosphérique diminuée de

$$\Delta p_1 + \Delta p_2 + \Delta p_3 + \Delta p_4 = 12,2965 \text{ kg}.$$

14. — Calculons maintenant la pression P à la sortie du ventilateur.

Considérons pour cela la branche MLK de la conduite de desserte. Cette branche doit débiter 500 m³ d'air à l'heure. Nous produirons ce débit en perçant 200 ouvertures dans la partie ML et 100 dans la partie LK. La figure 8 indique que nous avons pris comme section de la 1ʳᵉ ouverture (en M) un cercle de 3 cm de diamètre.

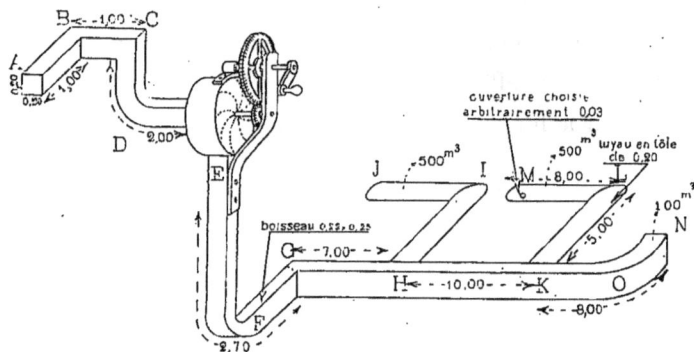

Fig. 8.

La pression vis-à-vis cette 1ʳᵉ ouverture se calculera en partant de la formule 9. On a

$$p_1 = \text{pression atmosphérique} + \frac{(500)^2 (4)^2}{(300 \times 60 \times 60)^2 (2,41)^2 \pi^2 (0,03)^4}$$
$$= \text{pression atmosphérique} + 0,07389 \text{ kg}.$$

Calculons la pression vis-à-vis la 200ᵉ ouverture. Cette pression est égale à p_1 augmentée de la perte de pression due au frottement de l'air entre la 1ʳᵉ et la 2ᵉ ouverture. Cette perte de pression se calculera en partant de la formule 11. On en déduit

$$\Delta p = \left[\frac{1}{2} \, 0,0017 \, \frac{500 \times 2}{3 \times 60 \times 60} \, \frac{4}{\pi \times (0,2)^2} \right. $$
$$\left. + \frac{1}{3} \, 0,002 \left(\frac{500 \times 2}{3 \times 60 \times 60} \, \frac{4}{\pi \times (0,2)^2} \right)^2 \right] 8 \, \frac{1}{0,2} \, \frac{2}{3}.$$

[Le coefficient $\frac{2}{3}$ qui termine la dernière expression provient de ce qu'il faut multiplier par cette fraction les valeurs de a et b données par le tableau du paragraphe 2, pour tenir compte de ce fait que la conduite est en tôle] ou

$$\Delta p = 0,2185 \text{ kg}.$$

Pour que la 200ᵉ ouverture ait le même débit que la 1ʳᵉ, il faut que cette ouverture ait la surface indiquée par la formule 10 qui donne

$$\Sigma = \frac{500}{60 \times 60 \times 300} \frac{1}{2,41} \frac{1}{\sqrt{0,2924}} = 0,0003552.$$

Le diamètre de l'ouverture sera

$$d = 0,0213 \text{ m}.$$

On donnera aux 200 ouvertures de la branche ML des diamètres variant de 3 cm pour la 1ʳᵉ jusqu'à 0,0213 m pour la 200ᵉ.

Cherchons la pression vis-à-vis la 201ᵉ ouverture.

Cette pression sera celle qui s'exerce vis-à-vis la 200ᵉ ouverture augmentée de la perte de pression due au coude brusque en L. On déduit de la formule 4

$$p_{201} = p_{200} + 0,06255 \left(\frac{500 \times 2 \times 4}{60 \times 60 \times 3 \times \pi \times 0,2 \times 0,2} \right)^2$$

ou

$$p_{201} = p_{200} + 0,543 \text{ kg}.$$

La surface de cette 201ᵉ ouverture sera donnée par la formule 10 qui devient ici

$$\Sigma = \frac{500}{60 \times 60 \times 300} \frac{1}{2,41} \frac{1}{\sqrt{0,835}} = 0,0002102,$$

le diamètre de cette ouverture sera

$$d = 0,0163 \text{ m}.$$

Calculons maintenant la pression vis-à-vis la dernière

ouverture. Cette pression est égale à p_{201}, augmentée de la perte de pression due au frottement de l'air dans la conduite LK. Cette perte de pression se calcule en partant de la formule 11, d'où l'on déduit

$$
\begin{aligned}
p_{300} - p_{201} = \Bigg[&\frac{1}{2}\, 0{,}0017\, \frac{500}{60 \times 60}\, \frac{1}{3}\, \frac{4}{\pi \times (0{,}2)^2} \\
&+ 0{,}0017\, \frac{500}{60 \times 60} \times \frac{2}{3}\, \frac{4}{\pi \times (0{,}2)^2} \\
+ \frac{1}{3} \times 0{,}002 &\left(\frac{500}{60 \times 60}\, \frac{1}{3}\, \frac{4}{\pi \times 0{,}04} \right)^2 \\
&+ 0{,}002 \left(\frac{500}{60 \times 60}\, \frac{2}{3}\, \frac{4}{\pi\, 0{,}04} \right)^2 \\
+ 0{,}002 &\left(\frac{500}{60 \times 60}\, \frac{4}{\pi \times 0{,}04} \right)^2 \frac{2}{9} \Bigg] \frac{5}{0{,}2}\, \frac{2}{3} = 0{,}558 \text{ kg.}
\end{aligned}
$$

Pour que la dernière ouverture ait le même débit que la première, il faut que cette ouverture ait la surface indiquée par la formule 10. On a

$$
\Sigma = \frac{500}{60 \times 60 \times 300}\, \frac{1}{2{,}41}\, \frac{1}{\sqrt{1{,}393}} = 0{,}0001626.
$$

Le diamètre de cette ouverture sera de

$$
d = 0{,}0145 \text{ m.}
$$

On donnera aux ouvertures de la branche LK des diamètres variant de 0,0145 m pour la 300e ouverture à 0,0163 m pour la 201e.

Calculons maintenant la pression en K dans la conduite HK. Cette pression p_k est égale à p_{300} augmentée de la perte de pression due au coude brusque en K. Cette perte de pression est donnée par la formule 4, d'où l'on déduit

$$
p^K = p_{300} + 0{,}06255 \left(\frac{500 \times 4}{60 \times 60\, \pi\, (0{,}2)^2} \right)^2 = p_{300} + 1{,}211 \text{ kg}
$$

$$
= \text{pression atmosphérique} + 2{,}614 \text{ kg.}
$$

Passons au calcul de la pression en H. Il faut obtenir la valeur de la perte de pression qui se produit le long de HK. La formule 8 *bis* donne

$$D = 4 \frac{0,22 \times 0,25}{0,44 + 0,50} = 0,23 ;$$

la formule 8 devient alors

$$p_\mathrm{H} = p_\mathrm{K} + \left[0,0012 \frac{600}{60 \times 60 \times 0,22 \times 0,25} \right.$$
$$\left. + 0,0016 \left(\frac{600}{60 \times 60 \times 0,22 \times 0,25} \right)^2 \right]$$
$$\times \frac{10}{0,23} = 0,859 + p_\mathrm{K}.$$

Calculons pour finir la pression P en E. Cette pression est égale à p_h augmentée des pertes de pression dues aux deux coudes F et G et au frottement de l'air dans la conduite EH.

Supposons que dans le coude F, on ait $\frac{a}{D} = 0,25$.

Dans ces conditions, la perte de pression due à ces coudes est donnée par les formules 4 et 6 qui donnent

$$\Delta p = 0,06255 \left(\frac{1\,100}{60 \times 60 \times 0,22 \times 0,25} \right)^2 = 1,927 \ \mathrm{kg},$$

$$\Delta p_\mathrm{F} = 0,009408 \left(\frac{1\,100}{60 \times 60 \times 0,22 \times 0,25} \right)^2 = 0,2898 \ \mathrm{kg}.$$

La perte de pression due au frottement de l'air est donnée par la formule 8 qui devient

$$\Delta p = \left[0,0012 \frac{1\,100}{60 \times 60 \times 0,22 \times 0,25} \right.$$
$$\left. + 0,0018 \left(\frac{1\,100}{60 \times 60 \times 0,22 \times 0,25} \right)^2 \right]$$
$$\times \frac{9,70 \ \mathrm{m}}{0,23} = 2,578 \ \mathrm{kg}.$$

On en conclut

$$P = p_{\text{H}} + \Delta p_{\text{G}} + \Delta p_{\text{F}} + \Delta p = \text{pression atmosphérique} = 8,268\,\text{kg}$$

et

$$P - P_o = 8,268 + 12,296 = 20,564\,\text{kg.}$$

15. — Déterminons ensuite le diamètre des ouvertures à percer dans la branche de desserte HIJ. Nous fixerons à 200 le nombre des ouvertures que doit avoir la partie JI et à 100 le nombre des ouvertures de la partie HI.

La pression vis-à-vis chaque ouverture sera la même que celle existant vis-à-vis l'ouverture correspondante de la branche KLM, augmentée de la perte de pression de H en K, c'est-à-dire augmentée 0,859 kg.

On en conclut que la surface de la 1re ouverture en J doit avoir pour valeur

$$S_1 = \frac{500}{60 \times 60 \times 300}\,\frac{1}{2,41}\,\frac{1}{\sqrt{0,07389 + 0,859}} = 0,000199\,\text{m}^2\,;$$

et de même

$$S_{200} = \frac{500}{60 \times 60 \times 300}\,\frac{1}{2,41}\,\frac{1}{\sqrt{0,2924 + 0,859}} = 0,000179\,\text{m}^2,$$

$$S_{201} = \frac{500}{60 \times 60 \times 300}\,\frac{1}{2,41}\,\frac{1}{\sqrt{0,835 + 0,859}} = 0,000147\,\text{m}^2,$$

$$S_{300} = \frac{500}{60 \times 60 \times 300}\,\frac{1}{2,41}\,\frac{1}{\sqrt{1,393 + 0,859}} = 0,000128\,\text{m}^2.$$

Le diamètre des ouvertures sera

$$d_1 = 0,0159\,\text{m,}$$
$$d_{200} = 0,0151\,\text{m,}$$
$$d_{201} = 0,0139\,\text{m,}$$
$$d_{300} = 0,0125\,\text{m.}$$

16. — Calculons enfin le diamètre de la dernière ouverture qui nous reste à déterminer, l'ouverture N.

Calculons la pression en N. Cette pression est égale à celle qui existe en K, diminuée de la perte de pression due au coude arrondi O, et de celle causée par le frottement de l'air dans la conduite KON. On aura

$$\Delta p_0 = 0,009408 \left(\frac{100}{60 \times 60 \times 0,22 \times 0,25} \right)^2 = 0,003 \text{ kg},$$

$$\Delta p_{\epsilon} = \left[0,0012 \frac{100}{60 \times 60 \times 0,22 \times 0,25},\right.$$

$$\left. + 0,0018 \left(\frac{100}{60 \times 60 \times 0,22 + 0,25} \right)^2 \right] \frac{8}{0,234} = 0,001 \text{ kg}.$$

La section de l'ouverture N sera donnée par la formule 10 qui devient ici

$$\Sigma = \frac{100}{60 \times 60} \frac{1}{2,41} \frac{1}{\sqrt{2,614 \text{ kg} - 0,003 - 0,001}},$$

$$\Sigma = 0,00713.$$

Le diamètre de l'ouverture sera

$$d = 0,0955 \text{ m}.$$

17. — Passons maintenant à l'étude du ventilateur.

Ce ventilateur doit pouvoir fournir un débit de 1 100 m³ à l'heure sous une pression de 20,564 kg.

Nous ne chercherons pas dans cet exemple numérique à appliquer la méthode que nous avons indiquée plus haut pour rechercher le meilleur ventilateur à employer et nous supposerons que nous nous servons du ventilateur Geneste-Herscher, modèle V. B. 12.

Nous chercherons pour ce ventilateur quelle est la vitesse de rotation ω qu'il faut lui imprimer pour qu'il puisse satisfaire aux besoins de notre installation. Pour déterminer ω, il faut connaître les valeurs numériques des constantes qui entrent dans la relation 20. Nous nous sommes adressé à la maison Geneste et Herscher, qui a bien voulu exécuter avec son ventilateur V. B. 12, les

*

expériences ([1]) que nous avons indiquées au paragraphe 6 de cette étude. Les résultats de ces expériences sont indiqués dans le tableau ci-dessous.

ω	$P - P_0$	q	OBSERVATIONS
m/s	kg/m²	m³/s	
78,50	21,0	0	Les débits ont été mesurés en partant des valeurs de la pression intérieure de la caisse.
78,50	19,5	0,129	
78,50	16,0	0,205	
78,50	12,5	0,266	
78,50	9,5	0,333	
78,50	4,2	0,533	
78,50	2,5	0,663	

Ce tableau contient plus d'éléments qu'il est nécessaire pour calculer la valeur des constantes de la relation 20. Nous serions donc obligé pour obtenir ces constantes d'appliquer la méthode des moindres carrés. Cette opération serait assez longue et il est plus simple de se servir d'un procédé graphique.

Si l'on regarde dans la relation 20, $P - P_0$ et q comme des coordonnées courantes et ω comme un paramètre, cette relation représente un faisceau de paraboles. On remarquera que toutes ces paraboles sont égales et parallèles les unes aux autres. On observera enfin que deux paraboles du faisceau ne peuvent se couper, car de l'exis-

1. Dans ces expériences, le ventilateur était relié par un tube très court de 22 × 18 cm à une caisse étanche de 1 m de côté. On pouvait déboucher jusqu'à six ouvertures sur le pourtour de la caisse, de manière qu'il était possible de faire varier la surface totale des ouvertures depuis 0,008 m² jusqu'à 0,112 m². Les pressions ont été mesurées au moyen de trois manomètres à eau ; deux de ces manomètres avaient la forme d'un ∪ avec les branches verticales de 8 mm de diamètre. L'autre manomètre comportait une branche inclinée au $\frac{1}{10}$. Les ouvertures percées dans la caisse ont été munies d'une tubulure de 30 cm de longueur, ce qui permettait de pouvoir mesurer la vitesse de sortie du courant gazeux au moyen d'un anémomètre. Dans ces expériences, la caisse était trop petite, de sorte que, lorsque le débit du ventilateur devenait un peu fort, l'air avait dans la caisse une vitesse appréciable qui faussait les indications fournies par les manomètres.

tence d'un point d'intersection, on déduirait qu'il est possible d'obtenir un même débit et une même pression avec deux valeurs différentes de la vitesse de rotation, ce qui ne paraît pas possible.

On en conclut que, pour avoir toutes les courbes du faisceau, il suffit de déplacer une courbe quelconque du faisceau suivant son axe.

Le tableau ci-contre permet de tracer une parabole du

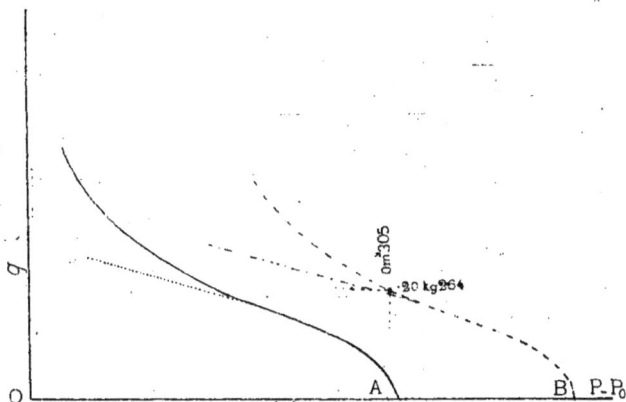

Fig. 9.

faisceau. Cette parabole (1) est représentée en trait plein sur la figure 9. On en déduit, avec un simple déplacement parallèle à l'axe P — P'$_0$, toutes les autres paraboles du faisceau. Ayant tracé une de ces autres paraboles du

---

1. La courbe représentée en trait plein sur la figure 9 n'a pas la forme d'une parabole. La raison est d'abord que la formule 20 n'est qu'approximative et ne s'applique que pour des régimes du ventilateur pas trop différents les uns des autres. Une autre raison est ici plus importante : comme nous l'avons expliqué dans la note précédente, les résultats de la mesure du débit ont été altérés, pour les forts débits, par suite de l'exiguïté de la caisse qui a été employée dans les expériences. Nous avons tracé en pointillé sur la figure 9 la parabole passant par les quatre points définis par les quatre premiers résultats du tableau donné ci-dessus. C'est de cette parabole qu'il faut se servir.

faisceau, il reste à savoir la valeur de ω qui lui corres‑
pond.

Pour résoudre ce problème, il suffit de remarquer que
si dans la relation 20 on fait $q = O$, on obtient

$$P - P_0 = A\omega^2,$$

on peut donc dire : ω est proportionnel à la racine carrée
de l'abscisse à l'origine.

Ceci posé, représentons sur la figure le point pour
lequel on a

$$P - P_0 = 20,264 \text{ kg},$$

$$q = \frac{1\,100}{60 \times 60} = 0,305 \text{ m}^3,$$

et faisons passer une parabole du faisceau par ce point.
Cette parabole est représentée sur la figure par un trait
discontinu. On aura

$$\frac{\omega^2}{(78,50)^2} = \frac{OB}{OA} = \frac{155}{105},$$

d'où l'on tire

$$\omega = 95,37 \text{ m}$$

et cette valeur de ω correspond à 911 tours du ventilateur
par minute.

Ainsi le ventilateur que nous avons choisi peut répon‑
dre aux besoins de l'installation à condition de lui impri‑
mer une vitesse de 911 tours par minute.

18. — Nous avons calculé tous les éléments de notre
installation de ventilation. Il faut maintenant nous de‑
mander si la solution ainsi obtenue est acceptable.

Il suffit de jeter un coup d'œil sur les résultats précé‑
demment trouvés pour apercevoir des défauts sur lesquels
on ne peut passer.

a) La pression de l'air entre la 200e et la 300e ouver‑
ture de la branche KL est comprise entre 0,835 kg et
1,393 kg. Ces pressions sont trop élevées, car on a vu
que l'on ne devait dépasser une pression de 0,688 kg.

Les pressions dans la branche HI sont encore plus considérables.

b) Le ventilateur doit tourner avec une vitesse de 911 tours à la minute. Avec le système d'engrenage dont est muni le ventilateur Geneste-Herscher type V. B. 12, ce nombre correspond à 75 tours de manivelle par minute. Ce nombre ne peut être obtenu facilement à bras.

c) Le branchement KON qui a une section 22 × 25 cm doit être terminé par une ouverture bien plus petite de 0,0955 m de diamètre. On peut sans inconvénient diminuer la section du branchement de manière que cette section soit à peu près égale à celle de l'ouverture qui le termine. On réalisera ainsi une légère économie.

Pour corriger tous les défauts que nous venons de signaler, il faut changer dans un sens convenable les données primitives que nous avons adoptées dans notre première approximation.

En vue de diminuer la pression dans le branchement KL et de réduire la dépression à réaliser par le ventilateur, on augmentera d'une manière générale le diamètre des conduites. On portera par exemple à 30 cm le diamètre du branchement KLM, et on remplacera le boisseau 22 × 25 cm par un autre ayant comme dimension 30 × 30 cm. En même temps nous remplacerons les coudes brusques L et G par des coudes arrondis.

Pour diminuer la pression dans le branchement HI, il faut donner à ce branchement une section inférieure à celle adoptée dans le branchement KL. On lui conservera dans son diamètre primitif 25 cm. On laissera de même au branchement KN sa section 22 × 25 cm primitive.

Il nous faut maintenant recommencer nos calculs avec ces nouvelles données.

Nous n'indiquerons pas ce second calcul qui est semblable à celui dont nous venons de donner le détail. Si la nouvelle solution obtenue ne donnait pas encore complète satisfaction, il faudrait modifier encore le diamètre des conduites ou bien, si l'on renonce à trouver ainsi une solution satisfaisante, employer deux ventilateurs au lieu d'un seul.

Conclusion

19. — Un projet de ventilation d'une caserne bétonnée ne peut être sérieusement établi en se contentant de prendre comme débit du ventilateur celui qu'indique le constructeur pour le cas du fonctionnement à l'air libre et en choisissant au hasard le diamètre des conduites et la section des orifices de sortie de l'air. L'erreur que l'on s'expose à commettre en opérant ainsi peut devenir considérable et conduire à une installation ne rendant aucun service. C'est ainsi que, dans l'exemple que nous avons traité ci-dessus, et qui se rapporte pourtant à un cas de distribution particulièrement simple, nous avons vu un ventilateur débiter 1 100 m³ à l'heure, tandis que, dans le fonctionnement à l'air libre, il aurait atteint près de 3 000 m³ à l'heure pour un même nombre de tours de manivelle.

Il est donc indispensable d'entreprendre dans chaque projet de distribution les calculs indiqués au cours de cette étude. Ces calculs ne présentent aucune difficulté, mais ils sont longs et fastidieux. Peut-être y aurait-il avantage, pour soulager la rude tâche de l'officier chargé du renforcement d'un ouvrage, à demander au constructeur du ventilateur d'établir le projet de ventilation tout entier.

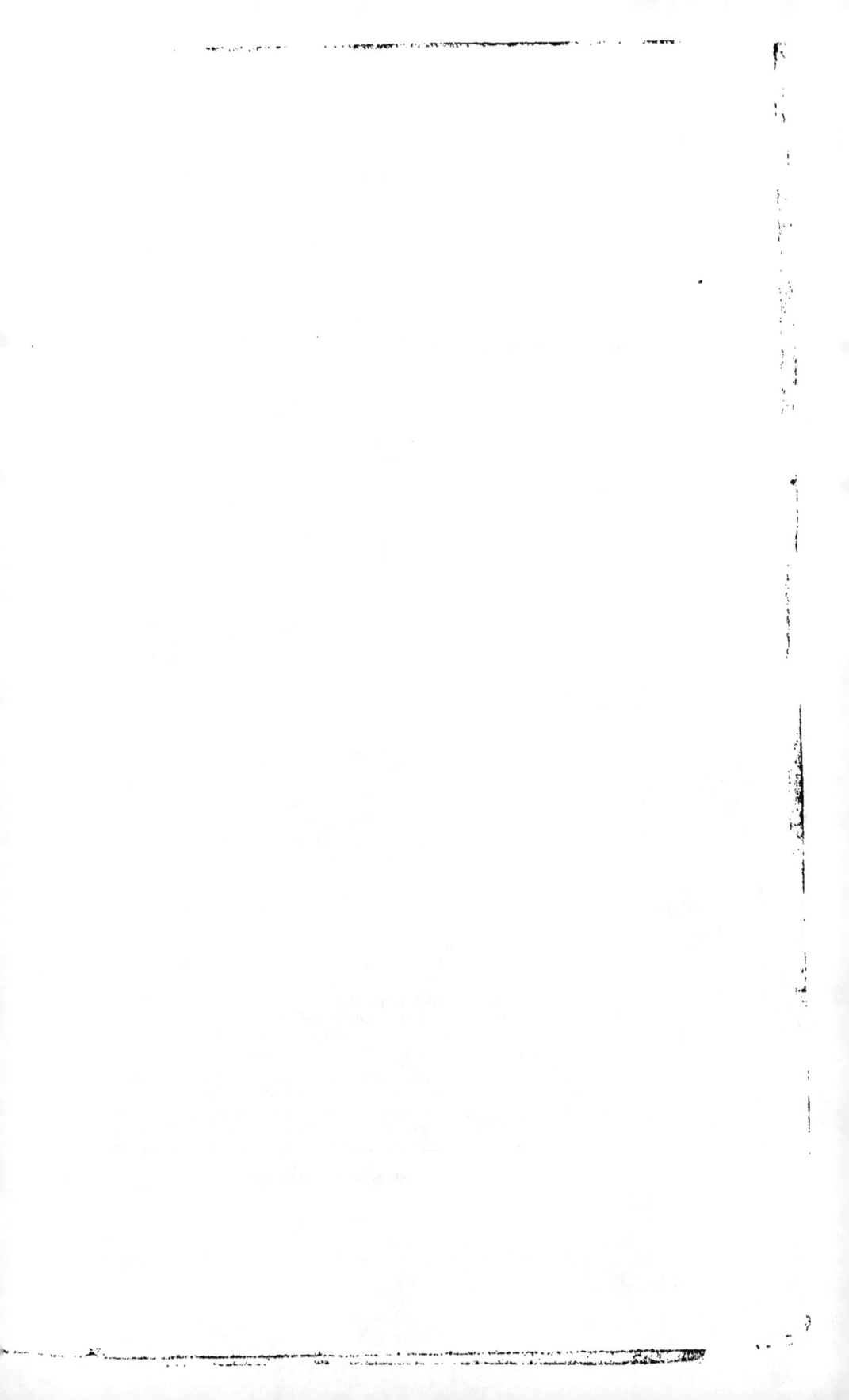

Ventilation, chauffage et éclairage des grands établissements, *tels que casernes, bâtiments industriels, scolaires, etc.*, par E. DUBOIS, capitaine du génie. 1893. In-8, avec figures, broché . . . . 2 fr.

Notice sur l'Installation du camp d'instruction de Mailly, par M. MENU, capitaine du génie. 1906. In-8, 69 pages, avec 20 figures et 3 planches in-folio . . . . 3 fr.

Les Ballons dirigeables. *Théorie. Applications,* par E. GIRARD et A. DE ROUVILLE, élèves ingénieurs des ponts et chaussées, officiers de réserve du génie. 1907. Un volume in-8 de 312 pages, avec 143 figures, broché . . . . . . 5 fr.

Les Cerfs-volants et leurs applications militaires, par Th. BOIS, lieutenant du génie. 1906. Volume in-8 de 200 pages, avec 99 figures, broché. . 3 fr.

De la Restitution du plan au moyen de la téléphotographie en ballon, par L. PEZET, capitaine du génie. 1907. In-8, 80 pages, avec 37 figures, broché . . . . 2 fr.

La Télégraphie sans fil et les Ondes électriques, par J. BOULANGER, colonel du génie, et G. FERRIÉ, capitaine du génie. 6ᵉ édition, augmentée et mise à jour. 1907. Un volume in-8 de 370 pages, avec 181 figures, broché. . . 6 fr.

Vers Sadowa. *Étude stratégique,* par Jules DUVAL, chef de bataillon du génie, breveté d'état-major. 1907. Un volume in-8 de 320 pages, avec 2 cartes hors texte et 5 croquis, broché . . . . 6 fr.

Défense offensive et reconnaissance d'état-major de la position de Magny-Fouchard. *Causerie sur la tactique de la fortification de campagne,* par Jules DUVAL, chef de bataillon du génie, breveté d'état-major. 1905. In-8, 62 pages, avec 2 figures et une carte en couleur, broché . . . . . . 2 fr. 50

Comment se défend un fort d'arrêt, par L. PIARRON DE MONDÉSIR, lieutenant-colonel du génie. 1906. In-8. Broché . . . . 1 fr. 50

Essai sur l'emploi tactique de la Fortification de campagne, par le même. 2ᵉ édition, revue et augmentée. 1906. In-8, 110 pages, avec 6 croquis et 3 planches, broché . . . . 3 fr.

De la Fortification de campagne, par le général DUPOMMIER. 2ᵉ édition. 1905. Brochure in-8 de 30 pages, avec 11 figures . . . . 1 fr. 25

Les Travaux de Fortification de campagne et l'armement actuel, par le lieutenant-colonel du génie CLERGERIE, ancien professeur à l'École supérieure de guerre. Nouvelle édition. 1906. In-8, 87 pages, avec 29 fig., br. 2 fr.

Le Siège de Port-Arthur, par CLÉMENT DE GRANDPREY, colonel du génie, breveté. 1906. Un volume in-8 de 150 pages, avec 11 figures dans le texte et 8 planches hors texte, broché. . . . . 5 fr.

Sébastopol. Guerre de mines. *Conférence faite au 6ᵉ régiment du génie,* par M. TAILLADE, capitaine du génie. 1906. In-8, av. 4 planches in-folio, br. 2 fr. 50

Les Ingénieurs militaires en France pendant le règne de Louis XIV. *Origine du corps du génie,* par Ch. LECOMTE, colonel du génie. 1903. Un volume in-8 de 155 pages, broché . . . . 2 fr. 50

Revue du Génie militaire. Paraissant en 12 livraisons mensuelles. Chaque livraison comprend environ 6 feuilles in-8, avec figures dans le texte et planches hors texte. Prix par an. . . . . 25 fr. — Union postale . . . . 27 fr.

  Les années 1887 à 1895 (6 livraisons par an) sont en vente à raison de 15 fr. et les années 1895 à 1907 (12 livraisons) à 25 fr.
  MM. les Officiers français et assimilés des armées de terre et de mer (armée active, réserve et armée territoriale) peuvent s'abonner à la *Revue* au prix de 15 fr.

Table générale des matières de la Revue du Génie militaire disposée par ordre alphabétique. Tomes I à XX (*années 1887 à 1900*). Un vol. in-8, br. . 2 fr. 50
— 1ʳᵉ *suite :* Tomes XXI à XXX (*années 1901 à 1905*). Un volume in-8, br. 2 fr.

Nancy, impr. Berger-Levrault et Cᵢₑ

100 ex. in 8° carré. — 24 pages.

UNE

MONTRE SOLAIRE EN IVOIRE

DE 1563

PAR

Paul BORDEAUX

ASSOCIÉ CORRESPONDANT
DE LA SOCIÉTÉ NATIONALE DES ANTIQUAIRES DE FRANCE

Extrait des *Mémoires de la Société nationale des Antiquaires de France*, t. LXVI.

PARIS
1907

DU MÊME AUTEUR :

1° *Le maréchal de Toiras et les monnaies obsidionales de Casal*, Paris, 1891, 21 p., 1 planche et 1 photographie. Ext. de l'*Annuaire de la Société française de numismatique*.

2° *Denier inédit de Henri Ier, frappé à Chalon-sur-Saône*, Paris, 1893, 7 p. et 1 vignette. Ext. de l'A. N. F.

3° *Melun et Dieppe, ateliers monétaires de Henri IV*, Paris, 1893, 14 p. et vignettes. Ext. de l'A. N. F.

4° *Monnaies inédites de Charles X, roi de la Ligue ; Douzain des politiques et piedforts de Louis XIII*, Paris, 1893, 25 p. et 1 planche. Ext. de la *Revue numismatique française*.

5° *Les monnaies de Trèves pendant la période carolingienne*, Bruxelles, 1893, 114 p., 1 carte et vignettes. Ext. de la *Revue belge de numismatique*.

6° *Remarques sur le rapport de l'or à l'argent au XIXe siècle*, Paris, 1894, 32 p. Ext. de l'A. N. F.

7° *Demi-sol tournois de Navarre, ou pièce de 6 deniers de 1589*, Paris, 1894, 8 p. et vignette. Ext. de la R. N. F.

8° *Les ateliers monétaires de Bordeaux et de Saint-Lizier pendant la Ligue*, Paris, 1894, 25 p. et vignettes. Ext. de l'A. N. F.

9° *Monnaies d'or frappées par Charles Ier d'Anjou à Tunis*, Paris, 1894, 12 p. et vignettes. — Traduction d'un article de M. Sambon, paru dans la *Revue numismatique italienne*. — Notice du traducteur. Ext. de l'A. N. F.

10° *Monnaies inédites frappées à Gênes pendant l'occupation française sous Charles VI et Louis XII*. — Traduction d'un article de M. Ruggero, paru dans la R. N. I. — Notice du traducteur. Paris, 1894, 16 p. et vignettes. Ext. de l'A. N. F.

11° *Les ateliers monétaires de Dijon, de Semur en Auxois et de Saint-Jean-de-Losne pendant la Ligue*, Paris, 1894, 36 p. et vignettes. Ext. de l'A. N. F.

12° *Le sceau de la corporation des monnayeurs de Figeac et l'atelier monétaire de cette ville aux XIVe et XVe siècles ; le sceau du collège des monnayeurs d'Angers ; Un cachet de monnayeurs de Paris*, Paris, 1895, 56 p. et vignettes. Ext. de l'A. N. F.

13° *Monnaies royales françaises inédites ou peu connues*, Paris, 1895, 51 p. et 1 planche. Ext. de la R. N. F.

14° *État des connaissances numismatiques concernant l'exploitation des hôtels des monnaies de Compiègne et de Melun pendant la Ligue*, Paris, 1895, 15 p. et vignettes. Ext. de l'A. N. F.

15° *Les ateliers monétaires de Clermont-Ferrand et de Riom pendant la Ligue ; le sceau de l'hôtel des monnaies de Riom*, Paris, 1895, 25 p. et vignettes. Ext. de l'A. N. F.

UNE

MONTRE SOLAIRE EN IVOIRE

DE 1563

PAR

Paul BORDEAUX

ASSOCIÉ CORRESPONDANT
DE LA SOCIÉTÉ NATIONALE DES ANTIQUAIRES DE FRANCE

Extrait des *Mémoires de la Société nationale des Antiquaires
de France*, t. LXVI.

PARIS
1907

UNE

MONTRE SOLAIRE EN IVOIRE

DE 1563

Le Musée de Beauvais possède, par suite d'un don que lui a fait M. Leblond, président de la Société académique de l'Oise, un petit cadran solaire d'ivoire (fig. 1 et 2), de 6 centimètres et demi de longueur sur 5 centimètres de largeur, portant l'inscription :

1563

HIERONIMVS   REINMAN

NORENBERGE   FACIEBAT

Comme le Musée du Louvre ne possède pas d'objet de cette nature et que la Société des Antiquaires ne paraît pas s'être encore occupée de montres solaires de cette date, il est intéressant de l'étudier et de faire connaître les circonstances spéciales qui ont occasionné la confection d'une

certaine quantité de petits cadrans solaires portatifs au XVI° siècle.

De prime abord, la petitesse de cette sorte
d'instrument étonne. Elle amène à se demander
si les cadrans solaires ont été construits à l'origine
grands ou petits. Sur ce point, la réponse ne peut
être douteuse. Les premiers cadrans solaires ont
été exécutés de grande taille. L'idée originaire
remonte au gnomon, qui date du début de la
civilisation.

Les prêtres de la Chaldée paraissent avoir été
les premiers à imaginer de planter un bâton en
terre et à constater que le minimum de longueur
de l'ombre marquait le milieu de la journée.
Il ne restait plus qu'à diviser également les por-
tions de temps antérieures ou postérieures à cet
instant précis et à profiter de l'angle d'ombre
du soleil pour déterminer ces indications. Ce
mode de procéder a occasionné d'abord la création de gnomons plutôt grands. Ces particularités
font comprendre comment certains savants ont
été amenés à se demander si les obélisques placés à l'entrée des temples égyptiens n'ont pas été
des gnomons gigantesques, destinés à indiquer
par la position de leur ombre le moment où certains rites devaient être célébrés. Si la solution de
cette question est des plus délicates à cause de
son ancienneté, nous verrons du moins qu'il est
plus facile de discerner le motif qui a fait réduire
le gnomon primitif à n'être plus qu'un petit cadran

solaire de poche à l'époque de la Renaissance.

Dans l'antiquité, surtout au début, ces instruments furent de grandes dimensions et ne paraissent avoir été employés qu'à des usages publics. L'invention du gnomon fut effectivement

Fig. 1. — Cadran solaire d'ivoire (Musée de Beauvais).
Face principale.

suivie de celle de la clepsydre, ou horloge à eau, qui permit de diviser un espace de temps donné par parties égales en se servant de la régularité d'écoulement d'un liquide. Ces deux objets, cadran solaire ou gnomon perfectionné et clepsydre, devinrent usuels à Rome en 250 avant Jésus-Christ, en ce sens que ce fut vers les années 491 à 495

après la fondation de leur ville, que les Romains
établirent sur le Forum deux grands cadrans solaires pour indiquer les divisions de la journée,
ainsi qu'une clepsydre pour suppléer à ces indications quand le ciel était nébuleux[1].

FIG. 2. — CADRAN SOLAIRE D'IVOIRE (MUSÉE DE BEAUVAIS).
Revers.

Quatre ou cinq siècles après, les Romains
semblent avoir conçu l'idée d'employer parfois
des cadrans solaires de petit module pour savoir

1. Pline (*Hist. nat.*, VII, 213) indique même l'installation
par Papirius Cursor, dans le voisinage du temple de Quiri-
nus, en 293 av. J.-C., d'un cadran solaire réglé sur la lati-
tude.

l'heure. Le colonel de la Noë a communiqué à la Société des Antiquaires de France, dans la séance du 18 mai 1892, une montre solaire gallo-romaine en bronze découverte peu de temps auparavant au Mont Hiéraple, dans la commune de Cocheren, à quatre kilomètres de Forbach (Alsace-Lorraine)[1]. Ce petit instrument de bronze a 5 centimètres de diamètre, c'est-à-dire une grandeur se rapprochant sensiblement de la dimension du petit rectangle d'ivoire actuellement étudié. Le disque de métal qui le constitue et qui est pourvu de l'attirail d'aiguilles, de cercle gradué et de trous nécessaires a été apprécié comme devant être d'origine romaine. Il a dû constituer dès cette époque une sorte de montre solaire facile à transporter sur soi. Il paraît dater des premiers siècles de l'ère chrétienne, c'est-à-dire de l'époque où les légions romaines occupaient la région du Rhin, endroit de la découverte. Un autre petit cercle de bronze, de 3 centimètres de diamètre, portant gravées les lignes horaires des mois, d'un côté pour Rome, indiqué par les initiales RO, et de l'autre pour Ravenne = RA, a été trouvé à Aquilée. Il paraît avoir eu un but identique[2]. Enfin, une montre solaire portative, de 4 centimètres sur 6, en ivoire cette fois, et pourvue d'un trou à suspension, a été trouvée à Mayence,

1. *Mém. de la Soc. des Antiq. de Fr.*, LIII, 1893, p. 151; G. de la Noë, *Note sur une montre solaire gallo-romaine.*
2. F. Kenner, *Sonnenuhren aus Aquileia,* fig. 12-13.

au Linsenberg[1]. Elle date de l'époque romaine et
porte les noms latins des mois de l'année. Le
gnomon destiné à indiquer l'heure devait être
placé dans les trous précédant ou suivant les
mois d'après les éventualités d'orientation et de
saison. Sans être d'usage courant, les cadrans
solaires de petite dimension étaient, comme on le
constate, connus dans l'antiquité, mais plutôt
sous la forme ronde que rectangulaire. On n'a
jamais signalé qu'un écrivain quelconque y ait
fait allusion. Ces tentatives n'ont pas eu de suites
pendant les siècles qui se sont succédé. On en
est revenu aux plus anciens errements.

Pendant le haut Moyen âge, le sablier eut de
son côté la faveur publique pour servir à mesurer
le temps dans les pays du Nord, parce que la
clepsydre à eau ne pouvait y fonctionner couramment à cause de la gelée, et parce que l'on était
parvenu à régler l'écoulement du sable avec autant
d'exactitude que celui de l'eau. Cette façon de
mesurer le temps est indiquée dans les Danses
macabres de l'époque. La Mort y est représentée
tenant un sablier à la main pour montrer que
l'heure dernière est arrivée.

Le sablier avait l'avantage de pouvoir fonctionner par les temps sombres, même la nuit, ainsi
que dans l'intérieur de la maison. Bien que ces
qualités aient mérité au sablier la faveur dans les

---

1. *Corp. inscr. lat.*, XIII, 10032, 27; cf. le menologium
de Grand, *ibid.*, 5955.

contrées septentrionales, le cadran solaire ne fut
jamais abandonné, à cause de son exactitude matérielle incontestable pour indiquer le milieu de la
journée, le mezzo-giorno des Italiens, — midi, — le
moment où le soleil fournit son minimum d'ombre.
On en conciliait l'usage, quand le soleil brillait,
avec l'emploi du sablier. Par suite, les fabricants
de cadrans solaires étaient restés nombreux. Ils
constituaient par exemple à Nuremberg, ville d'où
provient la montre solaire d'ivoire en question,
une importante corporation de marchands, un
corps de métier, comme il en existait à cette
époque, composé de négociants prêts à défendre
leurs droits et soucieux de veiller au maintien de
leur industrie. Ils étaient dénommés les « kom-
-passmacher » = artisans constructeurs de cadrans solaires.

Au moment de la fin du Moyen âge et du début
de la Renaissance, on eut la première idée de
l'horloge à poids, bientôt suivie de l'invention de
l'horloge mécanique. Ces nouveaux engins, comme
on les appelait, furent d'abord très primitifs,
c'est-à-dire grands, encombrants et d'une marche
peu régulière. On crut qu'il serait très difficile
de les perfectionner. Les marchands de cadrans
solaires furent les premiers à persuader à tous
que ces machines compliquées et coûteuses
n'étaient pas perfectibles. Ils crurent que les
constructeurs de ces mécaniques encombrées de
rouages ne parviendraient pas à diminuer la gran-

deur et à corriger les irrégularités fréquentes de
leurs horloges. Pour lutter contre l'invention nouvelle, ils imaginèrent de vendre des cadrans
solaires simples et portatifs et de les pourvoir de
qualités que nulle autre invention, croyaient-ils,
ne pourrait leur disputer. Tel est le motif qui fit
créer en certaine quantité, au cours des xvᵉ et
xvıᵉ siècles, les montres solaires portatives telles
que celle représentée par le petit rectangle d'ivoire
en question.

Il paraît douteux que les fabricants de cadrans
se soient subitement occupés à cette époque d'en
construire de petite dimension, en souvenir de
ceux ayant existé exceptionnellement chez les Romains onze ou douze siècles auparavant. Tout au
plus la tradition de la possibilité de faire de petites montres solaires a pu n'être jamais complètement oubliée dans la corporation. Le fait indé-
niable est que, pendant douze siècles environ,
il ne se rencontre pas de petits cadrans solaires
et que subitement, au début de la Renaissance,
il en a été construit un assez grand nombre.

L'un des plus anciens connus figure au Musée
de Nuremberg et porte une inscription qui le fait
remonter au pontificat du pape Paul III (1464-
1471).

La belle collection de M. Figdor à Vienne (Autriche) renferme :

1° Une montre solaire en bronze doré, datée de
1456, portant les armes de la maison d'Autriche

et l'inscription : HILF GOTT (Dieu me vienne en aide). Elle est contenue dans un étui en cuir ciselé ayant les mêmes dates et armoiries ;

2° Une montre solaire en bronze, datée de 1458, également aux armes de la maison d'Autriche, avec une petite boîte en bois peint et doré.

La collection Spitzer, parmi les curiosités de la section d'horlogerie, contenait :

1° Une montre solaire en cuivre repercée à jour, datée de 1473 (n° 2787 du catalogue) ;

2° Une autre montre solaire paraissant de travail italien, datée de 1476 (n° 2788).

Certains objets notables de la même collection montrent la rivalité qui s'établit aussitôt entre l'industrie ancienne des fabricants de cadrans solaires et les inventeurs des horloges mécaniques. Nous y rencontrons en effet :

1° Une pendule mécanique en cuivre doré et ciselé, fabriquée en Allemagne en 1559, et pourvue de l'inscription :

ME FECIT MAGISTER MAVRICIVS
BEHAEME IN VIENNA ANNO 1559

(n° 2646 du catalogue)[1] ;

1. M. Ruelle a signalé l'existence, à la bibliothèque Sainte-Geneviève de Paris, d'une autre grande horloge mécanique avec cercle planétaire datée de 1553 et construite par le mathématicien Oronce Fine. La collection Figdor possède une sphère astrolabe portant la mention : « *Euphronymus Vulparia, Florentinus, Lugduni.* 1553. »

2° Une autre pendule à rouages de même genre portant l'inscription :

ME FECIT GHASPARVS BOHEMIVS
IN VIENNA AVSTRIA ANNO 1568.

La petite montre solaire du Musée de Beauvais porte la date de 1563, qui prouve qu'elle a été établie précisément dans ce même empire d'Allemagne à une époque se plaçant entre les deux dates de construction des pendules mécaniques ci-dessus citées. On constate par suite comment au même moment les deux industries rivales cherchaient à lutter l'une contre l'autre. Sous le rapport de l'indication du lieu de fabrication, elles s'imitaient toutes les deux.

Ce petit carré d'ivoire, pour servir de cadran solaire, portait une tige ou plutôt un petit triangle de métal susceptible de se dresser, et qui tenait à l'aide des deux trous existant au-dessus et au-dessous du visage du soleil. Ce triangle produisait l'ombre indicatrice de l'heure. Une sorte de calendrier perpétuel circulaire figure au revers. Il est divisé en douze parties portant dans le haut les dénominations des douze mois de l'année et au-dessous les divisions 10—20—30 ou 31 (ou même 28 pour février), suivant le nombre de jours de chaque mois. La petite boîte qui était jointe à cet objet contenait vraisemblablement une boussole indispensable pour mettre l'instrument sur le plan nécessaire afin que l'ombre du

soleil produise un effet utile. L'ensemble des déco-
rations ajoutées sur les deux côtés de l'ivoire est
plutôt conçu dans le genre Renaissance. La minime épaisseur de la planchette d'ivoire laisse
supposer que l'instrument complet devait être de
peu de volume et tenir facilement dans la po-
chette d'un pourpoint du temps, analogue à un
gousset de gilet.

Si nous continuons de rechercher comme termes
de comparaisons les objets identiques, construits
à la même époque, nous en trouverons un grand
nombre. Nous constaterons de plus que les marchands français ont suivi l'exemple de leurs con-
frères allemands. Indépendamment des montres
solaires de la collection Spitzer, nous pouvons
citer les autres instruments ci-après, qui ont
figuré à Paris en 1900 dans la collection du Musée
rétrospectif de la classe 96—horlogerie :

1° Un cadran solaire de forme rectangulaire
portatif et à boussole, daté de 1571, c'est-à-dire
postérieur de huit années seulement à celui dont
nous nous occupons;

2° Un autre cadran solaire de même forme daté
de 1576, signé : Hans Ducher;

3° Un autre cadran solaire daté de 1595, signé
de Paulus Reinman, fabricant de Nuremberg, pa-
rent, comme nous allons le constater, du Hieronimus Reinman, dont le nom figure sur notre
rectangle d'ivoire;

4° Un cadran solaire rectangulaire à boussole

en forme de livre, en ivoire, avec coins et fermoir en argent ;

5° Un cadran solaire rectangulaire en bois signé : Stoecker ;

6° Un cadran solaire rond avec boussole, signé : Le Maire, paraissant être de fabrication française ;

7° Enfin des cadrans solaires octogonaux, signés de marchands s'appelant : Queyrat, — Menant, — Delase.

D'autre part, à l'étranger, la collection si importante en ce genre d'objets de M. Figdor à Vienne (Autriche) renferme en plus des deux spécimens du xv° siècle cités précédemment :

1° Une montre solaire en ivoire datée de 1544 avec la mention : GORG · HARTMANN · NOREM-BERGE · F ;

2° Une autre octogone, en bronze doré, très ornée, pourvue de l'inscription : GENEROSVS·D· VLRICVS·FUGGERVS · COMES · IN · KIRCHBERG · ET · WEISSENHORN · HANC · MACHINAM · GERMANIAE · FINITMORVMQVE · LOGORVM · SITVM · OCVLIS · SVBII-CIENTE · FIERI · FECIT · ANNO · DOMINI · 1557. Ses six faces superposées portent, indépendamment des indications astronomiques, deux cartes gravées sur cuivre, l'une avec l'ensemble du monde ancien connu, l'autre avec l'Allemagne et les pays limitrophes. Elle semble pouvoir être attribuée au fabricant Christophe Schisler, d'Augsbourg ;

3° Une autre en bronze doré avec la mention :

CHRISTOPHORVS · SCHISLER · FACIEBAT · AVGVSTAE ·
VINDELICORVM · ANNO · 1575 ;

4° Une autre, en ivoire, avec la marque : HANS·
DVCHDER · ZV · NVRNBERG · 1579. Elle porte en
outre l'inscription : « Wen ich Kampast recht sol
weisen, so richt mich nicht nahet bei eissen der
spöter sol nichts verachten den er kins besser
machen. » — Si, moi boussole, dois bien montrer,
ne m'approche pas du fer, *le moqueur ne doit rien
mépriser, à moins qu'il ne fasse mieux.* — Cette
dernière phrase est la démonstration écrite sur
l'instrument de la rivalité qui existait à l'époque
entre les fabricants de montres solaires et les
constructeurs d'horloges mécaniques dans les
conditions où nous l'avons fait ressortir.

5° Une autre, en ivoire et bronze doré, portant
la marque : HANS · TVCHER · 1586 ;

6° Une autre en bronze doré, ciselée aux armoi-
ries des Fugger d'Augsbourg, avec les initiales
O·S·F·, la date 1589 et la devise : VIGILATE·QVIA·
NESCITIS·DIEM·NEQUE·HORAM.

Enfin six autres montres solaires non datées,
mais construites probablement, d'après leur style,
au cours des XVI° et XVII° siècles sous les formes
les plus diverses, telles que boîtes carrées, octo-
gones ou rondes, ou même en forme de colonne
et de poire à poudre à l'usage des chasseurs,
ainsi qu'en matières variées, par exemple ivoire
et grenats, bois à incrustations d'ivoire, bois pré-

cieux de couleurs différentes, pierre de Kelheim, bronze doré ou poli avec ornements niellés, ciselés ou gravés, représentant des personnages, bustes, têtes, arabesques, entrelacs, feuillages, etc.[1].

On arrive ainsi à reconnaître qu'aux xvᵉ et xvɪᵉ siècles on se mit à construire de tous côtés, surtout en Allemagne et parfois en France, de petits cadrans solaires portatifs pour combattre l'industrie nouvelle des horloges mécaniques. Les marchands de ces montres solaires restaient convaincus que leurs instruments l'emporteraient toujours sous le rapport de la petitesse et sous le rapport de la mobilité, c'est-à-dire de la facilité qu'ils offriraient pour être portés sur la personne.

Comme ils s'adressaient à la classe aisée et même riche, ils fabriquaient ces montres en matières relativement chères, telles que l'ivoire ou le cuivre ciselé, ajouré et le plus fréquemment doré.

Une autre conséquence, provenant de ce que les personnes notables faisaient usage de ces instruments portatifs pour savoir l'heure, a eu pour résultat d'en faire peindre des représentations sur des tableaux de l'époque. On a constaté la figuration de montres solaires comme accessoires de portraits :

1° Sur un tableau de Hans Holbein (1495-1554);

---

1. Nous remercions sincèrement M. Enlart de nous avoir mis à même d'avoir connaissance des richesses de la collection autrichienne de M. Figdor, Löwelstrasse, à Vienne.

2° Sur un tableau de Neufchâteau (1520-1600).

Cette particularité démontre le caractère véritablement usuel de l'objet à cette époque.

Le constructeur de la montre solaire de Beauvais s'appelle Hieronimus Reinman. Il résulte des renseignements recueillis qu'une famille du nom de Reinman a figuré sur la liste de la corporation des fabricants de cadrans solaires de Nuremberg. Les personnages de ce nom, susceptibles d'être cités, sont :

1° Georges Reinman, dont le Musée de Nuremberg possède un petit cadran solaire de 1555 ;

2° Jérôme ou Hieronimus Reinman, le constructeur du rectangle d'ivoire en question, qui a acquis une célébrité régionale pour l'exactitude de ses indications concernant l'inclinaison de l'aiguille aimantée, ainsi que pour le soin apporté par lui à la confection des objets sortant de son atelier. Il est mort en 1577, c'est-à-dire quatorze ans après la date de 1563 inscrite sur l'objet ;

3° Paul ou Paulus Reinman, dont le Musée de Nuremberg possède un cadran de 1605 et qui a fabriqué la petite montre solaire de 1595 remarquée dans la collection de l'exposition centenale de Paris en 1900.

La question bibliographique nous prouvera d'une autre façon l'importance qui s'est attachée à ce même moment à ce genre d'industrie et d'objets scientifiques.

Le grand artiste Albert Dürer (1471-1528) ne dédaigna pas d'écrire un traité de la théorie des cadrans solaires sous le titre : « Unterweisung zur Messung mit Zirkel und Richtscheidt. — Traité du mesurage du temps à l'aide de figures géométriques. »

Sébastien Munster fit un autre ouvrage du même genre sous le titre de : « Furmalung und kunstliche Beschreibung der Orlogien. — Description artistique des horloges », et le fit imprimer à Bâle en 1544, avec un avant-propos de 1539.

Andréas Silsner rédigea un livre sur le même sujet sous le titre de « Gnomonic » et le fit imprimer à Nuremberg en 1562.

Quelques autres publications du même genre, moins importantes, datent encore de cette époque. Puis le silence se fit et les ouvrages du xixe siècle imprimés à Nuremberg ne contiennent plus rien au sujet des cadrans solaires en question[1]. On comprend que la Société des Antiquaires de France n'ait pas eu de son côté l'occasion de s'en occuper encore.

Quand nous avons recherché les autres objets de même nature pouvant se rencontrer ailleurs en France, notre collègue M. Roman a eu l'ama-

---

1. Nous sommes redevables à la courtoise obligeance de M. le conservateur du Musée de Nuremberg des renseignements concernant les Musée et bibliothèque de cette ville, ainsi que la famille Reinman ; nous lui en exprimons notre vive gratitude.

bilité de nous signaler l'existence à Gap entre les mains de M. Peyrot, ancien inspecteur des forêts, d'une autre montre solaire (fig. 3). Elle est plus complète, en ce sens que l'on peut étudier ses quatre faces et que la boussole s'y remarque encore. Elle est d'aussi petite dimension, exactement 7 centimètres sur 5 centimètres 1/4. Ce petit objet portatif, également destiné à fournir l'heure en tous lieux à l'aide de l'ombre du soleil, est en cuivre ajouré. Il porte l'inscription :

$$\text{✳ ANTHONNE : ✳ FOVCQVIER}$$
$$\text{✳ : ME : FE}\left(\substack{fleur \\ de\ lis}\right)\text{[1]CIT : } 1587$$

La date de 1587 est répétée sur un côté du pourtour. Cet objet est postérieur de vingt-quatre années à celui qui a été examiné en premier lieu.

Les autres parois du pourtour, hautes de un centimètre et demi, portent les noms des villes ci-après :

NEAPOLI	41	SEGOVIA
ROMA		SALAMANCA
VENETIA		TVRIN
MILANO	44	PARMA
LION		GENEVA[2]
ANVERS	51	LONDRA
COLONIA		

1. Ou plutôt une fleur de lis coupée dans le sens de la longueur et ne montrant qu'une moitié.
2. GENEVA doit avoir été gravé par suite d'une erreur

INDEX DE LA FIGURE 3.

1. Dessus extérieur de la boîte.

Le disque dentelé est mobile et sur ce disque est une rosace également mobile indépendante avec une aiguille et une réglette articulée.

Au centre un trou.

2. Dessous extérieur de la boîte.

3. Intérieur du dessus de la boîte.

Le disque, au bas duquel existe une pointe, est mobile. Il est percé d'un trou rond figurant la lune. Sous le disque est une partie striée ronde figurant la terre; la lune, en passant sur elle, quand on fait tourner le disque, marque ses divers quartiers.

Au centre un trou.

4. Intérieur du dessous de la boîte.

La partie circulaire, qui renferme la boussole, est en creux et garnie d'un verre.

5. La coquille cache un trou dans lequel devait prendre place une tige, qui était probablement vissée dans le trou central du couvercle pour porter son ombre sur un point donné, indiqué par la boussole et une combinaison de chiffres.

1

2

NEAPOLI	41	S E G O V I A
RO M A	•	SALAMANCA

	VENETIA	TVRIN
	MILANO 44	PARMA
	LION	GENEVA

5

ANVERS		
COLONIA	51	LONDRA

1557

4

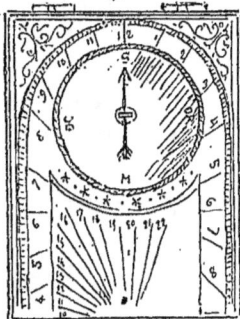

Fig. 3. — Montre solaire conservée a Gap.

Collection de M. Peyrot.

Comme les noms de cités italiennes sont en
majorité, sept, contre deux espagnoles, une française, une anglaise, une allemande et une des
Pays-Bas, il semble bien que ce cadran soit plutôt
destiné à l'Italie. De prime abord, on pourrait
penser à une fabrication italienne.

Les deux parties de la boîte rectangulaire étant
gravées et occupées des deux côtés par des sujets
différents donnent quatre faces, où se trouvent
les représentations suivantes :

Le dessus de la boîte porte une liste circulaire
de mois et de jours, analogue à celle figurant au
revers de la plaque d'ivoire énoncée en premier
lieu, plus une réglette portant le mot ✳ : VRSA · ✳

La face intérieure offre deux disques concen-
triques divisés en deux fois douze cases. Au milieu figurent des triangles avec le soleil et la lune.
Inscription supérieure : ✳ ELEVATION : ✳ FOLLY :
51. Inscription inférieure : ✳ ANTHONNE : ✳
FOVCQVIER — ✳ : ME : FE (demi-fleur de lis)
CIT : 1587.

La partie extérieure du dessous montre une
Bellone casquée et armée, s'avançant de profil à
gauche au milieu d'un cercle entouré de rinceaux.

La face intérieure de ce dessous est pourvue
d'une boussole, disposée dans le haut d'une sorte

matérielle à la place de Genova-Gênes. Ce ne peut-être
Genève, qui s'appelle en italien GINEVRA, à moins qu'il
ne faille en supposer une traduction inexacte par une personne ignorant l'italien.

de portique à la partie basse duquel sont placées les lignes d'un cadran solaire. L'indication des heures est tracée sur le pourtour du portique, avec le chiffre xii à la clef de voûte.

L'ensemble des dessins semble dénoter une origine ou plutôt une simple influence italienne, car le sujet traité sur le dessous de la boîte, c'est-à-dire la Bellone casquée, appuyée de la main droite sur une arme ayant la forme de la lance de joute d'un tournoi, est un sujet banal de l'époque, qui peut avoir été gravé aussi bien en France qu'en Italie. Le nom « Anthonne Foucquier » est éminemment français et la mention « élévation » en langue française porteraient à supposer que l'on se trouve finalement en présence d'un objet construit dans quelque ville du midi de la France, et par exemple de la vallée du Rhône, par un fabricant de nom et d'origine française, destiné à l'usage d'un personnage noble allant faire la guerre en Italie. La faute d'orthographe *Geneva* pour *Genova* ou peut-être pour *Ginevra* contribue également à faire croire que l'apposition des noms de villes n'a pas été effectuée en Italie, mais qu'elle provient plutôt d'un pays voisin, où l'erreur commise sur la dénomination exacte était possible. Le lieu d'origine corrobore cette supposition, car le détenteur actuel de l'objet, M. Peyrot, affirme l'avoir acquis dans les Basses-Alpes, aux environs de Forcalquier [1].

1. M. de Villenoisy nous a fait remarquer que cette montre

Dans tous les cas, le cercle donnant les mois et les divisions de mois par 10—20—30 ou 31 et figurant sur le dessus de la boîte rattache étroitement l'une à l'autre les roses des mois de ces deux montres solaires, s'il est permis de qualifier du nom de roses ces calendriers mensuels circulaires. Nous devons être d'autant plus reconnaissants à M. Roman de nous avoir signalé ce second spécimen de cadran solaire portatif que les deux objets se complètent l'un par l'autre. Ils permettent de comprendre, au moyen d'exemples tangibles, la fabrication intensive de montres solaires portatives et pratiques, qui est survenue au XVIe siècle, au moment où les corporations de fabricants de cadrans solaires ont vu leur commerce menacé par l'industrie naissante des pendules à poids et à engrenages. Personne ne prévoyait à ce moment les perfectionnements qu'il serait possible d'obtenir sous le rapport de la petitesse des rouages.

Les indications qui viennent d'être précisées ont tendu à se rapprocher de la vérité réelle en faisant la part la plus minime possible à toute espèce d'hypothèse. Pour terminer, si nous

solaire pouvait être rapprochée d'un cadran solaire carré en ardoise ayant 26 centimètres sur chaque côté, portant un type armorié avec rinceaux de feuillages et oiseaux décoratifs, trouvé dans la vallée du Rhône. (*Bulletin de la Société départementale d'archéologie de la Drôme*, janvier 1888, p. 114 à 116; vignette.)

cherchons les motifs qui ont pu amener en France
et faire découvrir dans les environs de Paris une
montre solaire portative provenant de Nuremberg, nous n'aurons plus que les faits historiques
pour nous guider. Nous serons obligés d'avoir
recours à des suppositions.

Peu d'années après 1563, exactement en 1574,
Henri de France, duc d'Anjou, devenu roi de
Pologne, quitta ce dernier royaume avec un certain nombre de favoris et d'officiers qu'il avait
amenés de son pays d'origine. Il rentra en France
par le sud de l'Allemagne et le nord de l'Italie. On
peut croire qu'un des seigneurs de sa suite acheta
en Allemagne, au cours de ce voyage, un de ces
cadrans solaires portatifs que les Reinman avaient
la réputation de fabriquer avec tant de perfection
à Nuremberg. Il l'apporta en France comme une
curiosité pratique, de même qu'il y a une cin-
quantaine d'années on rapportait une montre de
Genève d'un voyage en Suisse. Le mignon de
Henri III se sera servi de l'objet pendant le règne
du roi, et il aura été fier de montrer ce qu'il avait
rapporté de ses excursions à travers les pays
d'Empire. L'objet s'est ensuite démodé; il est
devenu inutile; il est tombé de mains en mains.
Finalement il a été relégué dans un coin de tiroir
comme une curiosité sans valeur[1].

1. Cette planchette d'ivoire a été donnée à M. le docteur
Leblond, de Beauvais, par un manouvrier de cette ville, qui
la possédait comme relique de famille depuis très longtemps.

L'honneur des Musées français consiste à faire ressortir l'intérêt qui s'attache à ces vestiges du temps passé et à montrer la place qu'ils ont occupée naguères, comme objet usuel, entre les mains des hommes du xvi° siècle.

Nogent-le-Rotrou, imprimerie DAUPELEY-GOUVERNEUR.

16° *L'atelier monétaire de Laon pendant la Ligue*, Paris, 1895, 14 p. et vignettes. Ext. de l'A. N. F.

17° *Les monnaies frappées par François I*^{er} comme comte de Provence, Paris, 1896, 15 p. et 1 planche. Ext. de la R. N. F.

18° Étude critique du : « *Catalogue des monnaies françaises de la Bibliothèque nationale de Paris. Les monnaies carolingiennes*, par M. Prou ». Bruxelles, 1897, 10 p. Ext. de la R. B. N.

19° *Le gros et le demi-gros des gens d'armes de Charles VII à la croix cantonnée*, Paris, 1897, 10 p. et vignettes. Ext. de l'A. N. F.

20° *L'Adjonction au domaine royal de la châtellenie de Dun et les deniers frappés à Dun par Philippe I*^{er} *et Louis VI*, Paris, 1897, 39 p. et vignettes. Ext. de la R. N. F.

21° *La numismatique du siège de Maestricht en 1794*. Bruxelles, 1898, 58 p. et vignettes. Ext. de la R. B. N.

22° *Les liards de France frappés par un fermier général de 1655 à 1658*, Paris, 1898-1899, 43 p. et vignette. Ext. de la R. N. F.

23° *Les nouveaux types de monnaies françaises*, Bruxelles, 1899, 14 p. et vignettes. Ext. de la R. B. N.

24° *Les assignats et les monnaies du siège de Mayence en 1793, les méreaux du péage du pont de Mayence pendant l'Électoral et après l'annexion à la République française*, Bruxelles, 1899, 71 p. et 3 planches. Ext. de la R. B. N.

25° *La pièce de 48 sols de Strasbourg frappée à la monnaie de Paris et la fin du monnayage autonome de l'Alsace*, Paris, 1900, 12 p. et vignette. Ext. de la R. N. F.

26° *Un méreau inédit de la caisse d'assistance des marchands d'étoffes d'Utrecht*, Amsterdam, 1900, 8 p. et vignettes. Ext. de la *Tijdschrift van het Koninklijk Nederlandsch Genootschap voor munt-en penningkunde*.

27° *Classement de monnaies carolingiennes inédites. Deniers et oboles de Lothaire roi Auguste, de Compiègne, de Chalon-sur-Saône, de Ratisbonne et de Strasbourg, des collections Bordeaux et Meyer. Mémoire présenté au Congrès international de Numismatique tenu à l'Exposition universelle de Paris en juin 1900*, Paris, 1900, 53 p. et vignettes. Ext. du volume des Mémoires publiés.

28° *La numismatique de Louis XVIII dans les provinces belges en 1815*, Bruxelles, 1900-1901, 131 p. et vignettes. Ext. de la R. B. N.

29° *Imitations de monnaies françaises royales et féodales faites à Messerano, Castiglione, Frinco et Monaco*, Paris, 1901, 31 p. et vignettes. Ext. de la R. N. F.

30° *Remarques nouvelles sur les assignats du siège de Mayence de 1793 et sur les méreaux de péage du pont*, Bruxelles, 1901, 24 p. et vignettes. Ext. de la R. N. B.

31° *Médailles franco-gantoises de l'ère républicaine et de l'Empire*, Bruxelles, 1901, 28 p., vignettes et 1 planche. Ext. de la R. B. N.

32° *La molette d'éperon, différent de l'atelier monétaire de Saint-Quentin de 1384 à 1465*, Paris, 1901-1902, 45 p. et vignettes. Ext. de la R. N. F.

33° *Les fausses piastres de Birmingham. — Fabrication à Birmingham en 1796 de fausses piastres espagnoles et apposition en Chine de contremarques sur le numéraire étranger*, Paris, 1903, 16 p. et vignette. Ext. de la R. N. F.

34° *La pièce de 20 francs de Louis XVIII frappée à Londres en 1815. — Renseignements complémentaires*, Bruxelles, 1904, 14 p. Ext. de la R. B. N.

35° *Les ateliers monétaires de Toulouse et de Pamiers pendant la Ligue*, Paris, 1904-1905, 125 p. et vignettes. Ext. de la R. N. F.

36° *Jeton franco-allemand de la première République et méreaux mayençais contremarqués de 1792 à 1814*, Bruxelles, 1904-1905, 20 p. et vignettes. Ext. de la R. B. N.

37° *Deniers parisis inédits de Jean le Bon, roi de France, et de Charles IV, roi des Romains*, en collaboration avec M. F. Collombier, Paris, 1905, 15 p. et vignettes. Ext. de la R. N. F.

38° *Lettres de la fin du XVIIIᵉ siècle relatives à la collection de l'abbé Ghesquière*, Bruxelles, 1905, 14 p. Ext. de la R. B. N.

39° *Médaille et jeton frappés à l'occasion de la réunion de Lille à la France en 1713*, Paris, 1905, 21 p. et vignette. Ext. de la R. N. F.

40° *Les jetons et les épreuves de monnaies frappés à Paris pour Marie Stuart de 1553 à 1561*, Paris, 1905, 45 p. et 1 planche. Ext. de la *Gazette numismatique française*.

41° *Médailles franco-belges, de 1811 et de 1814*, Bruxelles, 1906, 37 p. et vignettes. Ext. de la R. B. N.

42° *Le quadruple écu d'or ou piéfort d'écu d'or de Henri III. — La fabrication des derniers testons de Henri III à Paris en 1576 avec la vaisselle d'argent des habitants*, Paris, 1906, 41 p. et vignettes. Ext. de la R. N. F.

43° *La médaille du gouvernement provisoire de Tien-Tsin (1900-1902)*, Paris, 1906, 5 p. et vignette. Ext. de la R. N. F.

44° *Un trésor de monnaies carolingiennes au Musée de Coire*, Bruxelles, 1907, 16 p. Ext. de la R. B. N.

45° *Étude sur les billets de confiance locaux, créés en 1791 et 1792. Les papiers monnaies émis à Méru, Oise*, Beauvais, 1907, 47 p. et vignettes. Ext. du vol. XIX, 1906, des *Mémoires de la Société académique de l'Oise*.

46° *Les discours prononcés à Beauvais au moment de la prestation de serment des députés aux États généraux de 1789*, Beauvais, 1907. Ext. des *Mémoires de la Société académique de l'Oise*, t. XIX.

Nogent-le-Rotrou, imprimerie DAUPELEY-GOUVERNEUR.

M. C. CUREY

CAPITAINE D'ARTILLERIE

TÉLÉMÈTRE DE CÔTE

À GRANDE BASE HORIZONTALE

Système du colonel russe DE LA LAUNITZ

AVEC 22 FIGURES ET I PLANCHE HORS TEXTE

BERGER-LEVRAULT ET Cⁱᵉ, ÉDITEURS

PARIS | NANCY
5, RUE DES BEAUX-ARTS, 5 | 18, RUE DES GLACIS, 18

1907

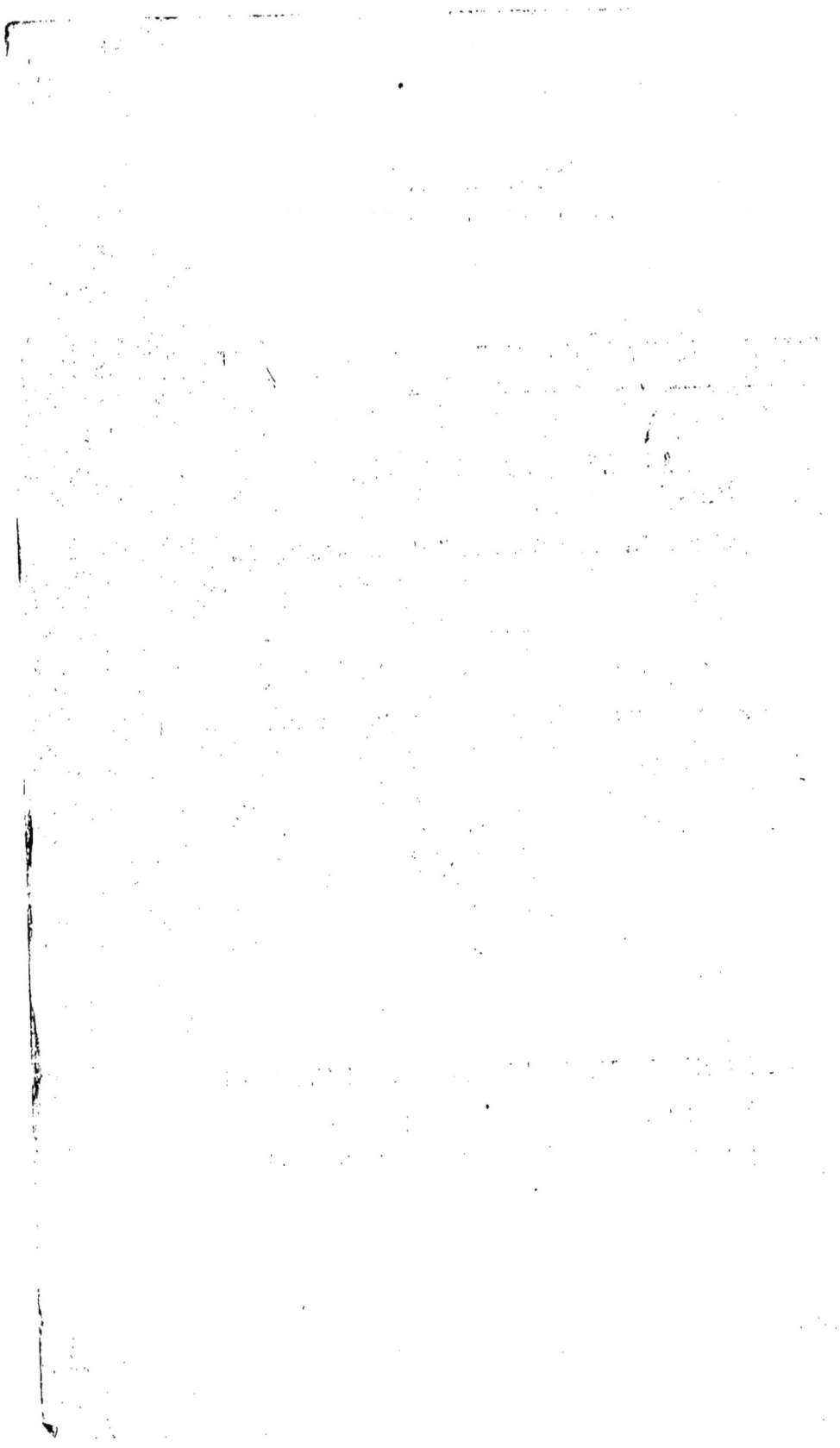

M. C. CUREY

CAPITAINE D'ARTILLERIE

TÉLÉMÈTRE DE CÔTE

A GRANDE BASE HORIZONTALE

Système du colonel russe DE LA LAUNITZ

AVEC 22 FIGURES ET I PLANCHE HORS TEXTE

BERGER-LEVRAULT ET Cⁱᵉ, ÉDITEURS

PARIS	NANCY
5, RUE DES BEAUX-ARTS, 5	18, RUE DES GLACIS, 18

1907

Extrait de la *Revue d'Artillerie* — Octobre 1905

TÉLÉMÈTRE DE CÔTE

A GRANDE BASE HORIZONTALE

Système du colonel russe DE LA LAUNITZ

La Russie, ayant à défendre beaucoup de côtes basses
où l'usage du télémètre de dépression est inadmissible,
a cherché depuis longtemps à employer, pour le tir à la
mer, des télémètres à grande
base horizontale. On sait que
ces derniers comportent deux
points d'observation A et B
(fig. 1) assez éloignés l'un de
l'autre et communiquant entre
eux de façon à permettre de
construire un triangle AB_1C_1
semblable au triangle formé
par la base AB et l'objectif C ;
la longueur AC_1 ainsi obtenue
est proportionnelle à la distance AC que l'on veut déterminer.

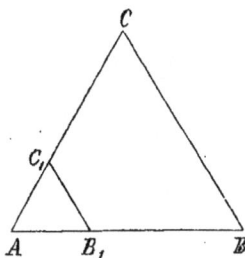

Fig. 1.

Le premier télémètre de ce genre qui fut employé en
Russie est dû au général *Petrouchevskii* (fig. 2).

L'un des postes est constitué par une planchette mu-
nie d'une lunette qui peut pivoter autour d'un axe B et

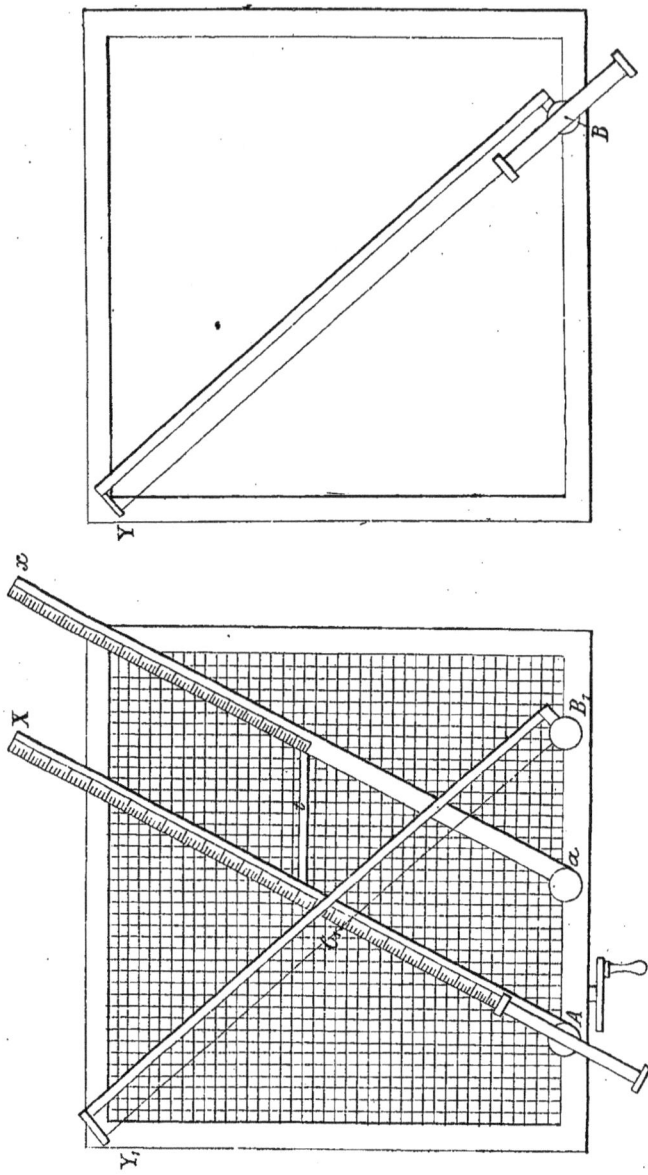

Fig. 2.

qu'un observateur maintient constamment dirigée sur le
but ; le fil BY qui est tendu sur une sorte d'archet se
déplace avec la lunette et reste toujours parallèle à l'axe
optique de cette dernière. L'autre poste comporte une
planchette quadrillée sur laquelle un archet $B_{\iota}Y_{\iota}$ pivote
autour de B_{ι} en restant constamment parallèle à BY
grâce à une transmission électro-mécanique ; une autre
lunette solidaire de la règle graduée AX est constamment dirigée sur le but par un deuxième observateur.
L'intersection C_{ι} du fil $B_{\iota}Y_{\iota}$ avec le biseau de la règle AX
représente la position de l'objectif.

Dans le cas où la portée serait trop grande pour être
mesurée sur AX, on diminue l'échelle de moitié, en faisant la lecture sur la règle ax maintenue toujours parallèle à AX par la barre de liaison l qui pivote autour du
milieu a de AB_{ι}.

On ne peut faire avec ce télémètre que du tir à pointage direct et les deux appareils d'observation ne sont
pas interchangeables entre eux. Aussi lui a-t-on substi-
tué le télémètre *Kholodovskii* (fig. 3) qui permet, dans

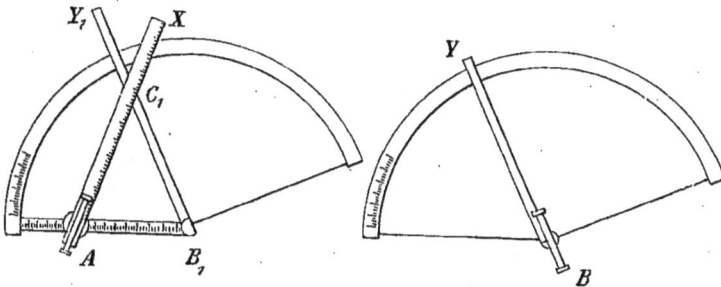

Fig. 3.

une certaine mesure, le tir à pointage indirect grâce à
l'emploi de limbes gradués comme les circulaires des
bouches à feu, mais les deux appareils ne sont pas
encore interchangeables. Le jeu des règles est le même

que précédemment, avec cette seule différence que BY et B_1Y_1 sont maintenues parallèles par deux hommes qui communiquent téléphoniquement.

Puis, vers 1896-97, sont venus presque simultanément les télémètres *de Charière* et *de la Launitz* :

Le premier est à transmission électro-mécanique : il possède un système de correction automatique du mouvement du but et une base auxiliaire, comme le télémètre du colonel Rivals expérimenté à Lorient en 1896. Il n'existe encore qu'un seul exemplaire de cet instrument [1].

Le second, qui a donné de bons résultats dans la pratique, a été considérablement amélioré depuis sa création. Comme il est devenu réglementaire en Russie, nous en décrirons en détail le dernier modèle après avoir au préalable exposé l'ensemble des principes qui ont guidé l'inventeur.

CONDITIONS GÉNÉRALES D'ÉTABLISSEMENT D'UN TÉLÉMÈTRE DE CÔTE

Dans le tir de l'artillerie de campagne, on peut facilement se passer de télémètre. Le canon, en raison du faible prix de revient des projectiles et de leur grand nombre, est son propre instrument de mesure. De plus, sa mise en action souvent instantanée ne permettrait pas dans bien des cas de déterminer au préalable les distances. Même dans le cas où une batterie se trouve en position de surveillance, si elle peut sans inconvénient dévoiler sa position, elle pourra souvent exécuter du tir

---

[1] Nous expliquons plus loin le rôle de la base auxiliaire. — Le lieutenant-colonel de Charière avait construit quelques années auparavant un télémètre à base *verticale* avec transmission *électrique* aux batteries des indications obtenues.

de repérage, c'est-à-dire chercher à coups de canon les *distances balistiques* des principaux points du terrain, un télémètre ne lui donnant généralement que les *distances topographiques* souvent fort différentes.

De même, dans le tir à la mer, il ne paraît pas qu'une installation télémétrique soit nécessaire pour les canons de petit calibre, qui exécuteront le plus souvent un tir de circonstance assez analogue au tir de campagne.

Il en est tout autrement avec les bouches à feu de moyen ou de gros calibre. L'élévation du prix des munitions, les difficultés de ravitaillement ainsi que l'obligation de produire rapidement de l'effet obligent l'artilleur côtier à évaluer aussi exactement que possible les distances.

Examinons donc quelles sont les conditions qui s'imposent à un télémètre de côte.

Conditions indépendantes de la nature de la base

I. Précision. — Il est inutile d'exiger une précision supérieure à celle des bouches à feu, c'est-à-dire que, dans des conditions normales de temps et d'état de la mer, avec un personnel convenablement exercé et sur un but *essentiellement mobile* marchant à une vitesse moyenne, l'instrument doit donner des mesures *exactes, aux écarts probables près*.

Il importe absolument, dans les essais, d'opérer non pas sur des buts fixes, mais sur des buts essentiellement *mobiles*. Le télémètre de côte n'est pas un instrument de topographie et il faut qu'il soit organisé spécialement pour suivre les navires dans leur mouvement.

Cela a d'autant plus d'importance que la batterie tire plus lentement (soit par suite de la manœuvre de la bouche à feu, soit à cause de la difficulté du ravitaillement ou de la méthode de tir employée) et que les projectiles coûtent plus cher. En conséquence, il est avantageux que le télémètre donne automatiquement la correction relative; au mouvement du but pendant le temps qui s'écoule entre la fin de la mesure télémétrique et l'arrivée du projectile au but.

On obtient ainsi une distance topographique qui, comme nous l'avons dit plus haut, diffère le plus souvent de la distance balistique convenable.

Cela tient, on le sait, à des erreurs *systématiques* dues surtout à l'*état de l'atmosphère* (vent, réfraction (¹), pression barométrique, humidité, etc.), à l'*état de la poudre* et aussi à tout un ensemble d'erreurs *accidentelles* provenant des variations dans le poids des charges et des obus, au régime des bouches à feu, au déversement des plates-formes, à l'équation personnelle des pointeurs, aux imperfections des télémètres et des appareils de pointage, etc., etc.

On conçoit qu'on puisse à la rigueur tenir compte de tout cela d'une façon précise dans une installation télémétrique et corriger la distance topographique à l'aide de certains dispositifs fonctionnant automatiquement, mais l'artillerie russe tient seulement compte, dans la détermination des éléments initiaux du tir, de l'état atmosphérique et de la vivacité de la poudre, et cela d'une façon empirique, au moyen de tables à double entrée tout à fait indépendantes du télémètre.

Elle élimine par le réglage les *erreurs restantes*.

II. Rapidité. — La rapidité des mesures définitives doit être en rapport avec la rapidité de tir des batteries et aussi avec la méthode de tir.

On sait en effet qu'en Russie l'artillerie de côte comprend une grande quantité de bouches à feu dont le tir est assez lent et que le tir par salve est généralement

---

(1) L'influence de la réfraction est beaucoup moins importante dans les télémètres à base horizontale que dans les télémètres à base verticale. On n'en tient compte que dans ces derniers et on la néglige généralement dans les autres.

adopté. On cherche néanmoins à obtenir au minimum six indications télémétriques par minute.

III. Simplicité. — L'installation télémétrique complète doit être simple et robuste, car elle doit être mise entre les mains des hommes de troupe et elle peut être exposée aux intempéries, aux projections de sable, etc.

De plus, le mode d'emploi doit éviter toute complication inutile. Aussi les transmissions téléphoniques paraissent-elles préférables aux transmissions électro-mécaniques sur lesquelles on n'a aucun moyen de contrôle et dont les connexions sont délicates à établir.

Enfin, il y a avantage à ce que l'un des postes soit à proximité immédiate de la batterie, afin d'éviter des corrections de parallaxe. Si la configuration du terrain ou de la côte s'oppose à cette installation, il faut avoir recours à un *transformateur* qui donne immédiatement et sans aucun calcul la distance de la batterie au but. Le transformateur peut être combiné avec le télémètre ou en être distinct ; dans ce dernier cas, il en est placé un dans chaque batterie et le même télémètre peut alors servir pour plusieurs batteries.

IV. Appropriation aux deux genres de pointage. — On doit pouvoir exécuter à volonté du tir à pointage direct sur but mobile, ou bien du tir à pointage indirect sur le point présumé de la mer où passera le but au moment de la chute des projectiles. Dans ce dernier cas, il faut munir les pièces de circulaires de pointage permettant de les orienter dans un azimut déterminé par le télémètre.

Conditions particulières aux télémètres à base horizontale

Les postes télémétriques doivent permettre d'employer une base de longueur quelconque.

De plus, avec un appareil bistatique, il est difficile

d'indiquer le but aux deux observateurs avec une précision suffisante pour éviter les erreurs d'objectifs qui enta-
chent les mesures d'erreurs grossières. C'est alors qu'intervient le *télémètre auxiliaire* qui sert à trouver une
distance approchée du navire, distance permettant aux
observateurs d'orienter convenablement leurs appareils
dès le début du tir.

*
* *

Ces différents principes étant admis, nous allons exa-
miner maintenant comment ils ont été appliqués et décrire en détail les différents appareils (postes d'observation, transformateur, etc.). Nous indiquerons aussi le
mode d'utilisation pratique de toute l'organisation télémétrique préconisée par le colonel de la Launitz.

ENSEMBLE DE L'INSTALLATION TÉLÉMÉTRIQUE DU COLONEL DE LA LAUNITZ

L'installation télémétrique complète pour une batterie K comprend (fig. 4) :

1° Deux postes d'observation A et B convenablement

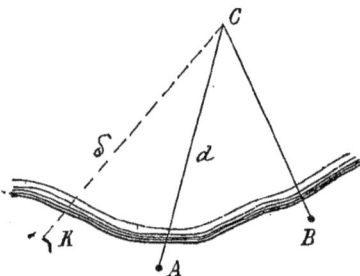

Fig. 4.

placés sur la côte et éloignés l'un de l'autre de 1500 à

500 m. L'un de ces postes, A par exemple, détermine la distance d qui le sépare de l'objectif C ;

2° Un transformateur généralement disposé à la batterie et servant à transformer d en la distance de tir δ qui convient effectivement à la batterie K. Cet appareil devient inutile lorsque l'un des postes est dans le voisinage des bouches à feu ;

3° Éventuellement un télémètre auxiliaire à petite base ;

4° Un réseau téléphonique reliant les trois points A, B et K.

1° Principe de l'organisation et du fonctionnement des postes A et B

Le poste d'observation A, chargé de donner la distance d, est formé (fig. 5) :

D'un limbe gradué a ;

D'une règle AC_{r} pivotant autour du centre A du limbe

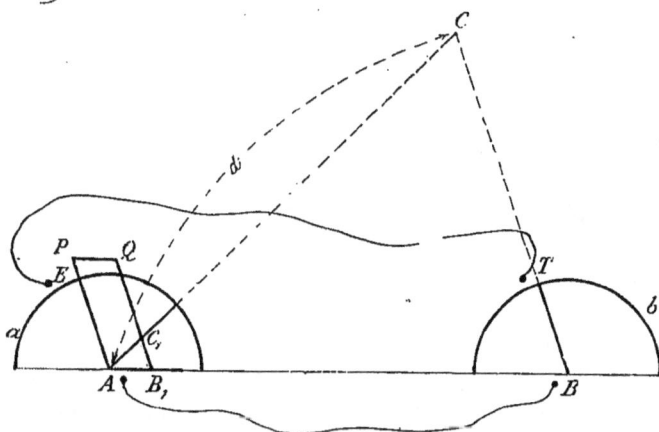

Fig. 5

et portant une graduation en distance à une échelle convenable α ;

D'une lunette de visée pivotant autour du point A et dirigée suivant AC_1 ou dans un azimut voisin ;

D'une base AB_1 alignée dans la direction du point B et dont la longueur est égale à α. AB ;

Et enfin d'un parallélogramme articulé AB_1QP.

Le poste d'observation auxiliaire B comprend :

Un limbe b analogue au limbe a et dont le diamètre de base est dirigé suivant la direction BA ;

Une règle et une lunette BT pivotant autour du point B dans les mêmes conditions que celles du poste A.

La règle et la lunette de chacun des postes A et B peuvent se déplacer simultanément dans le même plan vertical ou bien encore la règle peut tourner n fois plus vite que la lunette lorsqu'on fait agir un appareil dit *extrapolateur* ou encore *avanceur*.

Les deux postes sont réunis par une double ligne téléphonique TE et AB.

Cela posé, supposons que nous voulions déterminer la position d'un point *fixe* C (fig. 5).

Chacun des opérateurs A et B dirige sa lunette sur C. Le téléphoniste T lit l'azimut sur le limbe b et l'envoie au téléphoniste E qui place la règle AP sur la division annoncée du limbe a. La règle B_1Q se trouve alors disposée parallèlement à BC et le téléphoniste T n'a plus qu'à lire la distance cherchée AC_1, car le triangle AB_1C_1 est semblable au triangle ABC.

Supposons maintenant que l'objectif soit *mobile,* que ce soit un navire suivant une route quelconque R (fig. 6).

Les deux observateurs s'entendent entre eux et suivent avec leurs lunettes le même point du but ; puis, comme ils sont constamment en communication téléphonique, à un signal donné par l'un d'eux ils cessent d'ob-

server en même temps, lorsque l'objectif est en r_1 par
exemple. En opérant comme précédemment, on détermine la distance Ar_1 et un certain azimut ; si l'on utili-
sait telles quelles ces données, le projectile tomberait
dans le voisinage de r_1 alors qu'en réalité le navire pour-
suivant sa route serait en r_2. Il faudrait donc faire au

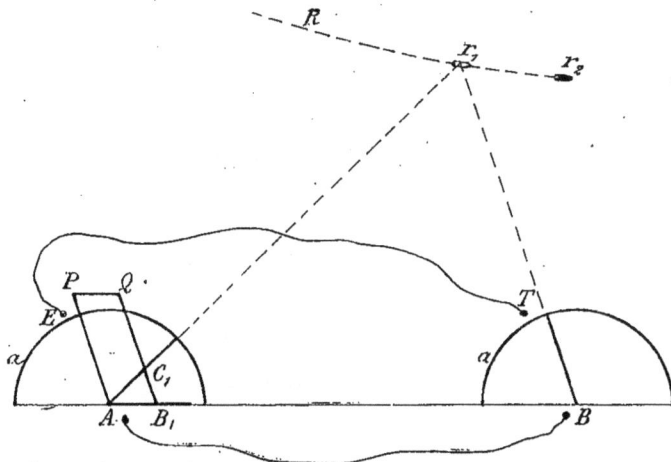

Fig. 6.

préalable, comme cela se pratique en France, les corrections convenables en hauteur et en direction.

Le colonel de la Launitz a préféré que son appareil lui
donnât une indication présumée sur la position du navire
au moment de la chute du projectile.

C'est alors qu'intervient l'appareil *extrapolateur* qu'on
met en action dès que les deux observateurs ont pris le
but en r_1 (fig. 7). Ils le suivent pendant un temps t (déterminé à l'aide d'un chronomètre) jusqu'en r_2 et s'arrêtent. A partir du commencement de l'observation,
chaque règle tournant n fois plus vite que la lunette correspondante se décale par rapport à celle-ci et, au bout

du temps t, les deux règles se recoupent en un point C alors que les deux lunettes croisent leurs visées sur r_2.

Le point C, représenté sur l'appareil par le point C_1, est la position *conjecturée par extrapolation* et d'ailleurs approximative de l'objectif.

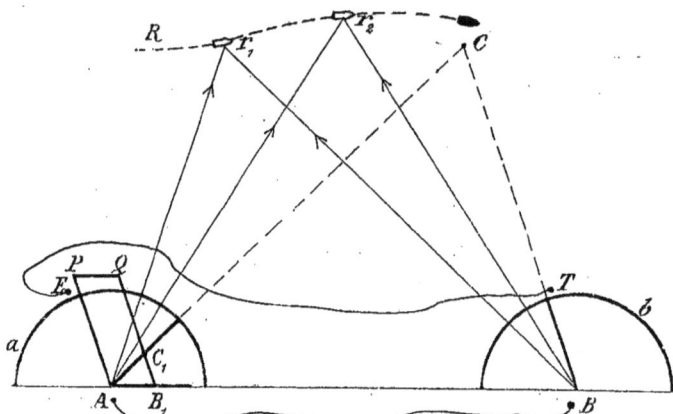

Fig. 7.

Les Russes tirant généralement par salves de batterie, on a un *temps mort* [1] égal à $(n — 1) t$ comprenant :

1° Le temps nécessaire pour exécuter toutes les opérations qui s'étendent depuis l'arrêt des règles ou la fin de l'observation jusqu'au départ du coup ;

2° Le temps ϑ correspondant à la durée du trajet.

On choisit généralement pour valeur de n le nombre 3 ou le nombre 4. Si le temps t d'observation est de 20 secondes par exemple, on a $(40 — \vartheta)$ secondes pour apprêter la salve. Un navire de fort tonnage, marchant à 13 nœuds (environ 24 km à l'heure) et ne pouvant par

---

[1] Cette définition du *temps mort* est différente de la nôtre. Le temps mort russe est l'*intervalle entre la fin de la mesure de distance et la chute du projectile,* tandis que le temps mort français est l'*intervalle entre la fin du pointage et le départ du coup.* Le *temps mort* russe est donc pour nous la somme du *temps perdu,* du *temps mort* et de la durée de trajet.

suite changer rapidement sa direction, parcourra (dans le cas où $n = 3$) 400 m entre le commencement de l'observation et le moment de la chute du projectile, et le télémètre le suivra en réalité pendant un parcours de 133 m.

Avec les canons à tir rapide, il y a intérêt à diminuer la valeur de n. Avec le canon de 6^{po} Canet on peut prendre $n = 2$ et avec le canon de petit calibre à tir rapide $n = 1$, c'est-à-dire ne pas utiliser le mécanisme extrapolateur.

2° Principe du transformateur

Si l'un des postes télémétriques n'est pas dans le voisinage immédiat de la batterie, il est nécessaire de faire une correction de parallaxe.

On l'exécute avec un transformateur qui est placé dans

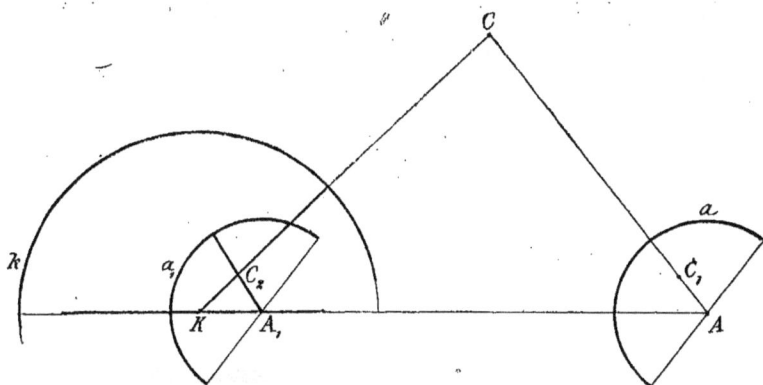

Fig. 8.

la batterie et qui donne à l'échelle α une réduction C_2A_1K du triangle CAK formé par le but C, le poste télémétrique A et la batterie K (fig. 8).

Deux limbes a_1 et k correspondant aux centres A_1 et K sont orientés l'un par rapport à l'autre comme le sont le limbe a de l'appareil télémétrique A et la graduation circulaire des affûts. Deux règles graduées en distances pivotent autour de chacun des centres K et A, qui sont d'ailleurs réunis par une base également graduée pouvant pivoter en K.

L'appareil étant réglé, — nous verrons plus loin comment, — il est facile de comprendre comment on l'emploie. Le télémètre indique la position de la règleA, C_2 et celle du point C_2 ; lorsque cette règle A_1C_2 est en place, il n'y a plus qu'à faire passer l'autre règle par le point C_2 et à lire la distance corrigée KC_2, et l'azimut A_1KC_2 correspondant aux bouches à feu.

3° Télémètre auxiliaire

Imaginons qu'on aperçoive devant la base télémétrique AB une escadre en ligne de file par division $C_1 C_2 C_3$ — $C_4 C_5 C_6$; il sera assez difficile de désigner clairement le but aux observateurs et il est bon en conséquence d'avoir une idée approximative de la position de l'objectif que l'on veut assigner à la batterie.

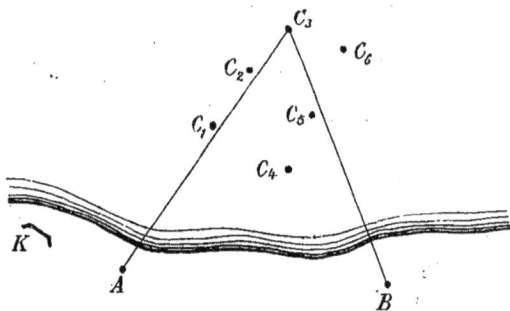

Fig. 9.

Dans le cas de la figure 9, si le but à atteindre est C_3 par exemple, il y aura ambiguïté pour l'observateur A entre C_1, C_2 et C_3 et pour l'observateur B entre C_3 et C_5.

Cette ambiguïté disparaîtrait si l'on obtenait la distance de l'un des postes à C_3 avec un *télémètre auxiliaire*.

En effet, les deux appareils A et B étant constitués de façon identique, si A connaît la distance à l'objectif C_3 et qu'il dispose ses règles pour cette portée, il pourra envoyer immédiatement par téléphone à B à la fois la direction approximative de BC_3 (ou de AC_3) et la distance correspondante. Les deux observateurs prennent le but et peuvent s'interpeller mutuellement pour savoir si, malgré les déplacements des navires, ils observent toujours l'objectif désigné. Dès qu'ils sont bien d'accord, ils peuvent exécuter des mesures, et le télémètre auxiliaire, ayant ainsi joué le rôle d'*indicateur,* peut au besoin, dans la suite, intervenir encore comme *contrôleur*.

Le télémètre auxiliaire doit être soit à base verticale, soit à petite base horizontale, avec un seul opérateur (ou avec deux opérateurs suffisamment rapprochés l'un de l'autre pour voir l'objectif sous le même aspect).

Le colonel de la Launitz a proposé comme télémètre auxiliaire soit un télémètre à petite base adjoint au télémètre à grande base (cas du télémètre Rivals), soit plus simplement un télémètre monostatique autobase (c'est-à-dire contenant sa propre base) du genre Barr et Stroud.

La première solution (fig. 10) est assez compliquée, car elle exige l'organisation d'un télémètre à petite base AX analogue au télémètre à grande base AB : outre les organes décrits plus haut, l'appareil A comporte une deuxième base AX, et une troisième règle X_1O tournant autour de X_1 et restant parallèle à la règle auxiliaire AP (fig. 10).

On a en définitive deux télémètres accolés formant un télémètre à double base et à trois stations.

La base AX est longue de 500 mètres au plus. Le poste X comprend simplement une règle à lunette de visée (avec mécanisme multiplicateur si on le juge utile).

Les deux observateurs A et X, se concertant par téléphone, suivent l'objectif C et à un moment donné l'observateur A détermine la distance AC_1 par recoupement de AC_1
avec $X_1 O'$, dont la position lui est donnée par l'oriente-
ment de la règle AP' sur le limbe a_1, envoyé par le poste X.
Profitant de cette première approximation, le télémétriste A, sans toucher à la règle AC_1, fait rapidement passer les parallélogrammes articulés de la position pointillée

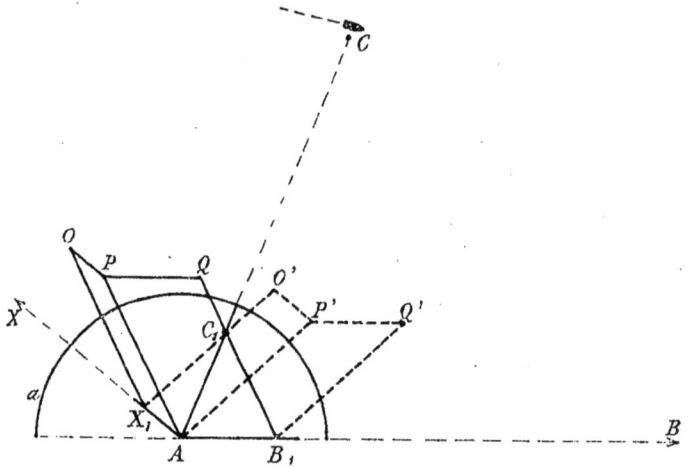

Fig. 10.

à la position en traits pleins, de façon que la règle $B_1 Q$
passe par C_1. Il lit l'azimut de AP et le transmet immédiatement par téléphone au poste B qui dispose son viseur
dans la direction indiquée, où il doit apercevoir le but.
Les trois opérateurs A, X et B répètent s'il y a lieu une
seconde fois cette opération et, dès que A et B sont bien
d'accord, ils procèdent aux mesures télémétriques [1].

En temps de paix d'ailleurs, le télémètre auxiliaire

_____

(1) On peut aussi faire l'opération en envoyant au poste B la portée AC_1
et l'azimut correspondant, procédé que le colonel de la Launitz trouve plus
pratique.

peut servir à l'officier instructeur à contrôler la façon de
procéder des deux postes principaux.

La deuxième solution est plus commode, car le télémètre Barr et Stroud, relativement portatif et suffisamment précis, peut se placer très près de A. On procède
comme précédemment et il semble que les opérations
doivent s'exécuter d'une façon plus expéditive.

4° Communications téléphoniques

Les communications entre les divers postes d'observation et les batteries sont réalisées au moyen d'appareils
microtéléphoniques portatifs à un seul récepteur. Chacun
de ces appareils est organisé de façon que le transmetteur et le récepteur puissent se fixer sur la tête de l'opérateur, laissant ainsi à ce dernier le libre usage de ses
deux mains. Il y a là une disposition ingénieuse, car elle
permet aux opérateurs de faire les manipulations au télémètre en écouatnt eux-mêmes leur correspondant, sans
aucun intermédiaire (voir fig. 19).

En principe, les deux observateurs A et B sont reliés
téléphoniquement ainsi que les servants E et T (fig. 11).

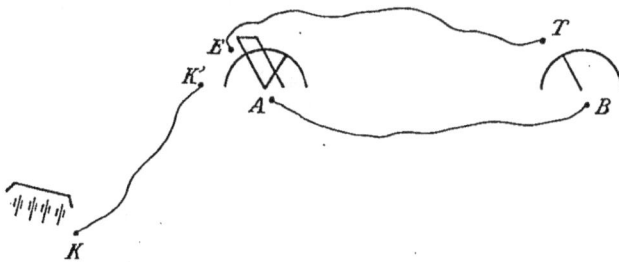

Fig. 11.

De même, une autre ligne réunit la batterie K au servant K' qui transmet les données du télémètre.

Il faut une boîte microtéléphonique pour chacun de
ces hommes.

La ligne KK' disparaît naturellement lorsque la batterie K est dans le voisinage immédiat du poste A.

Le colonel de la Launitz est parvenu en outre à supprimer la ligne téléphonique ET, en organisant les appareils A et B de telle façon que l'observateur puisse lire directement l'azimut au moyen d'une petite lunette auxiliaire et d'un appareil à miroirs redresseur (fig. 15). Le servant T devient dès lors inutile ainsi que la ligne ET. (B transmettant son azimut à A, lequel l'annonce à E.)

Dans ce cas, il faut deux lignes téléphoniques seulement (avec quatre appareils). Quand la batterie se trouve dans le voisinage du poste A, une seule ligne téléphonique suffit (avec deux appareils).

INSTALLATION, RÉGLAGE ET EMPLOI DES APPAREILS

Poste télémétrique proprement dit

Description détaillée

Comme nous l'avons dit plus haut, l'appareil B est plus simple en principe que l'appareil A, mais, dans la pratique, on les construit l'un et l'autre identiquement, de façon à pouvoir au besoin faire des lectures télémétriques au poste B. Il suffira donc de décrire l'un des appareils([1]) qui comprend (fig. 12 et 13 et pl. hors texte) :

1° Un socle évidé *1* sur lequel reposent le limbe gradué *2*([2]), l'axe *3* qui est situé au centre du limbe, deux repos *4* pour supporter l'extrémité de la base *6* et un arc denté *5* qui est centré sur l'axe *3* ;

2° Une base *6,* maintenue entre l'axe *3* et l'un des repos *4* ;

_____

([1]) L'appareil est en laiton nickelé, sauf le socle évidé, qui est en fonte.
([2]) Le limbe comporte 1 600 divisions numérotées de deux en deux, de 0 à 800, afin que les téléphonistes n'aient à employer que des nombres de trois chiffres ; son rayon est de 64 cm environ.

3° Trois règles mobiles : la règle des portées *7*, la règle de recoupement *8*, la règle auxiliaire *9*. Les règles 7 et 9 sont articulées sur l'axe central *3*, tandis que la règle 8 pivote autour d'un axe *10* qui est monté sur un curseur *17* pouvant coulisser le long d'une rainure de la base *6*. Les règles 8 et 9 sont réunies à l'extrémité opposée à la base 6 par une traverse *11*, réglée de façon à former un parallélogramme articulé. Les règles *7* et *8* sont graduées en dizaines de sajènes ; aux extrémités des règles 7 et 9 se trouvent les index *20* et *26* ;

4° Une lunette terrestre *12* (¹) montée sur un support *13-32*. Ce dernier est fixé verticalement sur une plaque *14* qui peut pivoter autour de l'axe *3*, en sorte que la lunette tourne autour du centre du limbe.

Sur la plaque *14* est rapportée une crémaillère circulaire *39* qui porte une graduation (²) se déplaçant avec la crémaillère devant un index *24* fixé à la règle 7.

Dans la position indiquée à la fois par la figure 13 et la pl. hors texte, la lunette et la règle des portées sont solidaires et peuvent tourner *ensemble,* en restant dans le même plan vertical. En effet, la règle 7 se prolonge à l'arrière par un épanouissement ayant la forme d'un arc et sur lequel se trouvent un verrou *22* qui pénètre dans une mortaise pratiquée sur la tranche arrière de la plaque *14-39* et un frein *23* αβδ qui permet de fixer la règle 7 à l'arc fixe *5* ;

5° Un mécanisme extrapolateur qui permet, en ren-

---

(1) La lunette comporte une monture *31* (fig. 12 et 13) qui sert à la fixer sur son support *32*, deux boutons molletés *33* et *34* pour la mise au point du micromètre et celle du but, un garde-soleil *35*, un chercheur formé d'une fenêtre *36* et d'un guidon à rabattement *37*, ayant la forme d'une lame de canif. On enlève la lunette quand on ne tire pas.

(2) Cette graduation ne sert à rien dans le tir de guerre. On pourrait l'utiliser néanmoins pour déterminer les corrections en direction dans le tir direct, corrections qui sont généralement données par un homme en plus maniant le triangle de visée (voir annexe, p. 40). Dans les exercices du temps de paix, la graduation en question est employée pour mesurer la vitesse du remorqueur : ce qui a une certaine importance, car les cibles se déplacent ordinairement fort lentement et on a ainsi le moyen de vérifier leur allure.

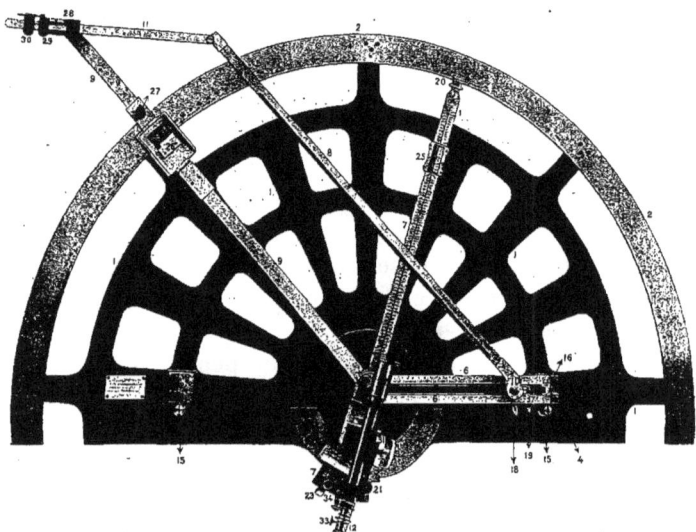

Fig. 12. — Appareil A vu en plan. (Extrémité gauche de la base.)

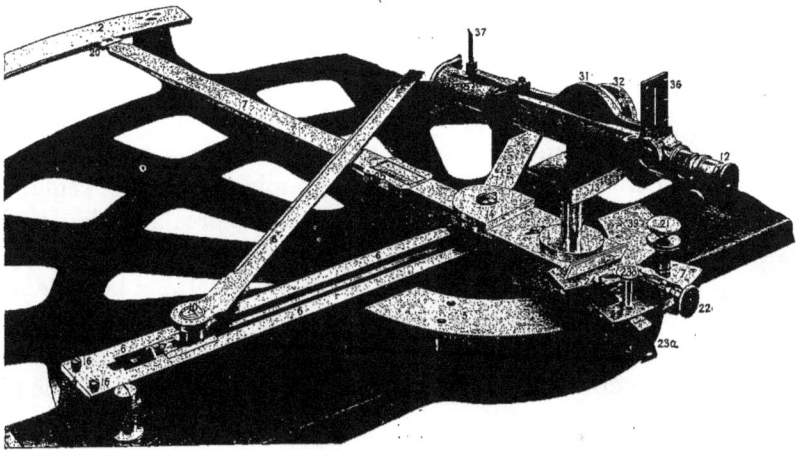

Fig. 13. — Perspective de l'appareil B. (Extrémité droite de la base.)

dant au préalable la lunette indépendante de la règle des portées *7*, de faire tourner cette dernière *n* fois plus vite que la lunette.

Ce mécanisme est constitué comme suit (pl. hors texte) :

Le prolongement arrière de *7* porte une douille contenant un axe vertical qui est commandé par le bouton moletté *21* et muni à sa partie inférieure d'un pignon; ce pignon inférieur engrène avec la denture de l'arc fixe *5*. Un pignon supérieur (visible sur la figure 13) et de diamètre plus petit, fou sur le même axe, engrène avec la crémaillère circulaire *39* solidaire de la plaque *14;* ce deuxième pignon porte un cône d'embrayage.

Cela posé, supposons la lunette et la règle des portées solidaires. Lorsqu'on fait tourner le bouton moletté *21,* on agit seulement sur le pignon inférieur qui engrène avec l'arc fixe *5* et on entraîne l'ensemble, lunette et règle.

Si au contraire on a pris soin au préalable de tirer le verrou *22* en arrière et de rendre solidaires les deux pignons supérieur et inférieur ([1]), la lunette et la règle des portées, commandées alors indépendamment l'une de l'autre par un des pignons, se déplacent avec des vitesses différentes, la lunette restant en retard sur la règle ([2]). Le rapport des dentures des deux pignons dépend de *n*;

([1]) Cela se fait en serrant le deuxième bouton moletté *41* (celui qu'on voit au-dessous de *21*) sur le pignon supérieur.

([2]) *Mécanisme* ou *extrapolateur primitif.* — Nous venons de décrire le mécanisme qui est employé dans le dernier modèle de télémètre, mais au début le colonel de la Launitz en avait adopté un autre qui est également ingénieux et dont nous allons donner le principe (fig. 14) :

La règle des portées *7* est constamment située dans le plan vertical de l'axe optique de la lunette ; elle se termine du côté du limbe par un épanouissement dans lequel on loge deux poulies u_1 et u_2 et un ruban métallique UI s'enroulant sur les poulies. Le ruban présente un ressaut U et un index I qui normalement sont au milieu de l'intervalle u_1 u_2, de sorte que, quand on suit le but avec la lunette, l'index indique l'azimut de celui-ci. Si l'on veut avoir une position conjecturée du but au bout d'un temps double du temps d'observation, on immobilise le ressaut U avec une fourchette (non représentée sur la figure) glissant sur le limbe *2* et pouvant être fixée sur lui. Dès lors, il est facile de voir que I se déplace, dans le même sens que

6° Un curseur 25, coulissant sur la règle des portées 7. Ce curseur porte une graduation spéciale (dépendant de

le but, avec une vitesse angulaire double de la vitesse angulaire de ce but. (Le trait ponctué indique les positions relatives de la règle et de l'index quand le but s'est déplacé angulairement de ω.) On aura ainsi par extrapo-

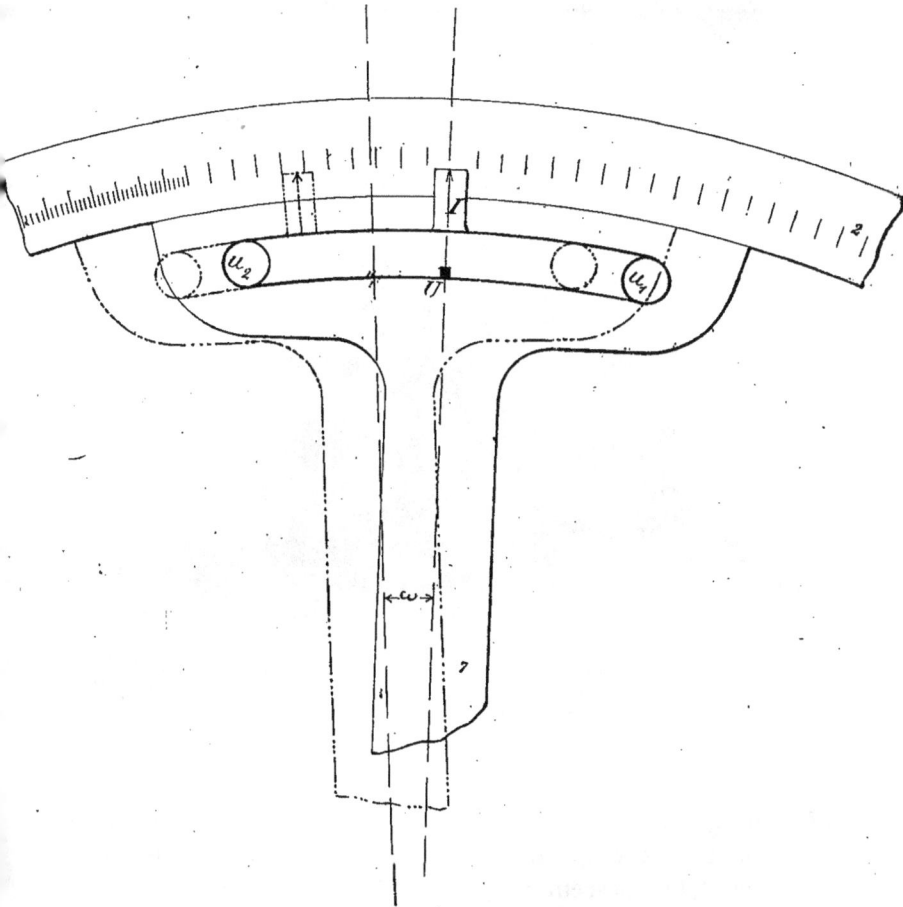

Fig. 14. — Extrapolateur premier modèle.

lation la situation présumée de l'objectif au moment de la chute des projectiles dans le cas où $n = 2$. Ce mécanisme extrapolateur, moins commode que le nouveau, a de plus son emploi limité au cas de $n = 2$

la valeur de *n* et sert de correcteur dans le cas du tir à pointage direct. Nous verrons son rôle plus loin.

Modifications pour le tir de nuit. — La nuit, on remplace la lunette par une tige portant à ses deux extrémités un cran de mire et un guidon lumineux.

Ce dernier est constitué par une monture conique et creuse, à la partie supérieure de laquelle est enchâssé

Fig. 15

un grenat d'Orient (ou almandine) qui, éclairé par une petite lampe électrique placée en dessous, donne un point luminescent rouge mat. Le cran de mire est du même genre, mais deux pierres blanches de calcédoine en forment les pointes.

Les graduations sont éclairées au moyen de lampes électriques. Si les appareils sont munis du système à miroirs redresseurs (fig. 15 et p. 20), le télémétriste peut lire directement l'azimut de la règle des portées à l'aide d'une petite lunette auxiliaire.

Installation et réglage des deux postes

Il faut au préalable régler la base *6* de façon à la placer sur le diamètre correspondant à la ligne o — 800.

Cette opération s'exécute une fois pour toutes en construisant avec la *base,* la *règle des portées 7* fixée à la division 400 et la *règle de recoupement 8,* un triangle *égyptien* (c'est-à-dire un triangle rectangle dont les côtés sont proportionnels aux nombres 3, 4 et 5), ce qui arrête la position de la base *6,* à laquelle on ne devra plus toucher. On maintient la base *6* au moyen des vis *16;* un témoin *15,* amené au contact avec la base, sert à vérifier la fixité de celle-ci (fig. 12).

Puis on place chaque appareil sur une table, en engageant dans une mortaise ménagée sur le socle (¹) un pivot qui est fixé à la table ; on arrête la lunette sur le diamètre o — 800 et on déplace le tout doucement jusqu'à ce que la lunette soit pointée sur la deuxième station.

On règle ensuite la position de l'axe *10* en amenant le curseur *17* à peu près à sa position et en rabattant le levier de serrage *18,* puis en conduisant *17* à sa position exacte au moyen d'une vis de rappel et en rabattant finalement le levier de serrage *19.*

On termine en réglant la longueur de la traverse *11* de façon à réaliser le parallélogramme articulé. La traverse portant une graduation identique à celle de la base, on dispose le chariot de réglage *28* de façon à ce que l'index soit à peu près à la division convenable, et on serre le bouton *30;* on achève la mise au point de l'index au moyen d'une vis de rappel et on serre enfin le bouton *29.*

---

(1) On voit cette mortaise sur la figure 12, à droite et en bas.

Les deux appareils sont alors convenablement dis-
posés et prêts à fonctionner.

Mode d'emploi du télémètre

Avant chaque coup (ou salve), les observateurs, qui
correspondent par téléphone, cherchent le but avec la
lunette en agissant sur le bouton *21*, mais sans laisser
fonctionner le mécanisme extrapolateur (c'est-à-dire la
règle des portées restant dans le plan vertical de l'axe
optique de la lunette).

Dès que les deux observateurs tiennent l'objectif sur
leur ligne de visée, l'un d'eux fait l'indication : *Au but*,
et tous deux mettent en action le mécanisme multiplicateur par la manipulation suivante :

1° Serrer le frein *23*, qui solidarise la règle *7* avec
l'arc *5* (pour éviter un déplacement accidentel du système règle et lunette), en agissant sur le bouton *23* δ qui
appuie la mâchoire *23* β contre l'arc *5* ;

2° Serrer le bouton moletté *41* sur le pignon supérieur
(pour rendre les deux pignons solidaires et obtenir la
multiplication) ;

3° Desserrer le frein *23* ;

4° Tirer le verrou (de façon à rendre la lunette indépendante de la règle des portées).

Ces opérations exécutées, les observateurs, qui ont
perdu un instant le but, le recherchent rapidement et
suivent son mouvement pendant le temps *t* qui se compte
au moyen d'une montre à secondes. Ce temps écoulé, à
l'indication : *Stop*, les deux observateurs s'arrêtent ; on
fait les lectures et l'on se prépare immédiatement à l'opération consécutive en faisant les manipulations suivantes
qui suppriment l'emploi du multiplicateur :

1° Desserrer le bouton moletté *41* ;

2° Ramener la mortaise en face du verrou *22* ;

3° Laisser retomber le verrou *22* dans sa mortaise.

Pour l'utilisation des données télémétriques, on opère différemment, selon qu'on fait du tir à pointage indirect ou du tir à pointage direct, ainsi que nous allons l'expliquer ci-après :

Mode d'utilisation des données télémétriques

Tir à pointage indirect. — C'est le cas le plus simple; on opère avec le multiplicateur pendant t secondes et, au bout de ce temps, on lit la portée et l'azimut relatifs au poste A. Le transformateur fournit de suite les données correspondantes pour les bouches à feu, qui s'orientent en conséquence. Le feu est commandé au bout de $(nt - \theta)$ secondes, θ étant la durée du trajet et l'origine des temps étant le commencement du temps t d'observation.

En définitive, on tire sur un point obtenu par extrapolation et où l'on présume que le navire passera au moment de la chute des projectiles (cas de la figure 7).

Tir à pointage direct. — Le cas du tir direct est plus complexe; on opère *avec l'extrapolateur* pendant t secondes en suivant le but dans son déplacement entre r_1 et r_2 (fig. 7 et 16). Le poste A donne la portée conjecturée $P = AC$; les deux postes A et B continuent à suivre le but *sans multiplication,* de façon qu'on puisse faire tirer la batterie dès que le but sera *effectivement* à la distance P.

De plus, on a eu soin au préalable de disposer le zéro du curseur 25 au point C_1 (fig. 5, 6 et 7), c'est-à-dire au point d'intersection de la règle des portées et de la règle de recoupement. On note la division du curseur à la fin du temps t; cette division Δ correspond à la variation en portée pendant t secondes [1]. A l'aide d'une table à

---

(1) Si la graduation du curseur était identique à celle de la règle, la différence trouvée correspondrait à nt secondes. Mais, les divisions du curseur valant n fois celles de la règle, le nombre Δ trouvé correspond donc à la variation en portée pendant t secondes seulement

double entrée, le télémétriste A détermine la variation en portée $\frac{\theta}{t}\Delta = \Delta'$ correspondant à la durée de trajet θ et, si le but s'éloigne vers le large, il fait prendre à ses pièces la hausse relative à la distance $P + \Delta'$.

Pendant toutes ces opérations, toutes les pièces suivent le but; les lunettes des postes A et B font de même, comme nous l'avons vu plus haut, *sans multiplication*,

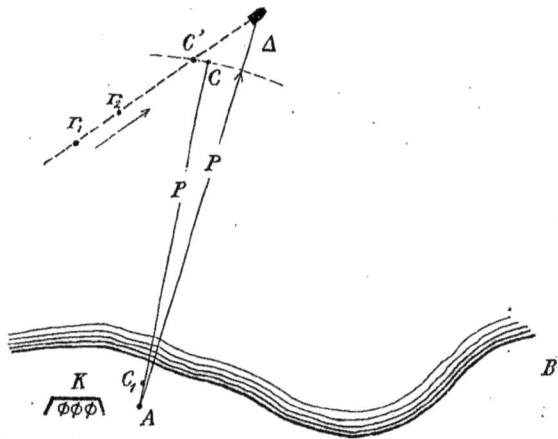

Fig. 16.

et, au moment où le télémètre annonce la distance P (le navire ennemi passant alors en C′ sur la circonférence de rayon A C [fig. 16]), la batterie fait feu. Comme les pièces sont pointées avec la hausse $P + \Delta'$, il en résulte que le but se trouvera effectivement à cette distance, puisque Δ' correspond à la durée de trajet.

Si l'objectif se rapprochait de la côte, il faudrait donner aux pièces la hausse $P - \Delta'$.

La correction en direction se fait au moyen du triangle de visée (voir p. 4o).

Nombre de servants nécessaires pour le fonctionnement de l'installation télémétrique

Le nombre d'hommes nécessaires résulte des considérations exposées plus haut à propos du réseau téléphonique :

Batterie éloignée du poste A.	Poste B sans l'appareil à miroirs redresseurs.	3	servants au poste	A.
		2	—	B.
	Poste B avec l'appareil à miroirs redresseurs.	3	—	A.
		1	—	B.
Batterie dans le voisinage immédiat du poste A.	Poste B sans l'appareil à miroirs redresseurs.	3	—	A.
		2	—	B.
	Poste B avec l'appareil à miroirs redresseurs.	2	—	A.
		1	—	B.

Transformateur

Description

L'appareil transformateur comprend (fig. 17) :

1° Un socle évidé *h* sur lequel est fixé un limbe *k* gradué comme les circulaires de pointage des pièces ;

2° Une règle mobile K C₁ graduée en portées, qui pivote autour d'un axe fixe K placé au centre du limbe *k ;*

3° Un socle mobile *m* en forme de lunule, reposant sur des nervures *n* du socle évidé *h* et dont le centre porte un axe A₁ qui est relié avec la barre mobile K A₁ ;

4° Une règle A₁ C₁ graduée en portées et pivotant autour de l'axe A₁ ;

5° Une barre mobile KA₁ qui est graduée en distances à droite et à gauche de l'axe K et qui peut tourner autour de cet axe ;

6° Éventuellement, une petite lunette montée sur un prolongement de la règle K C₁ parallèlement à cette règle et servant à faire la vérification du réglage de l'appareil ou bien à voir un but qui serait indiqué du poste télémétrique.

Fig. 17. — Transformateur.

Réglage

Le réglage de l'appareil transformateur s'effectue comme il suit :

Étant donné un repère connu F situé dans le champ

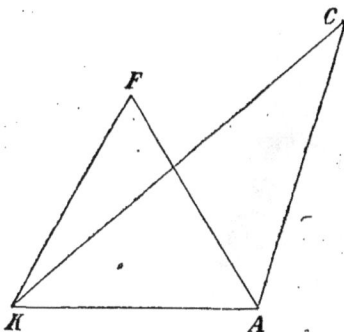

Fig. 18.

de la batterie et du télémètre (fig. 18), on pointe à la hausse sur ce repère, avec la dérive zéro, une pièce de la batterie et on lit sur la circulaire de pointage l'azimut correspondant. Les distances AF et AK ont été déterminées à l'avance par une triangulation.

Il suffit dès lors de réaliser sur l'appareil transformateur un triangle semblable au triangle AFK. Pour cela, on fixe d'abord (fig. 17) le pivot A_1 en face de la division de la règle KA_1 qui correspond à la distance KA ; on fixe ensuite la règle KC_1 à la division trouvée sur la circulaire de la bouche à feu. Puis on met l'index de la règle A_1C_1 en face de la division représentant la distance AF et on pousse cet index contre la règle KC_1 en face du point C_1, en faisant tourner la barre mobile KA_1 autour de K. Après quoi, on fait tourner autour de A_1 le socle mobile m, avec le limbe correspondant, jusqu'à ce que l'azimut indiqué par ce dernier soit celui de AF, puis

Fig. 19.

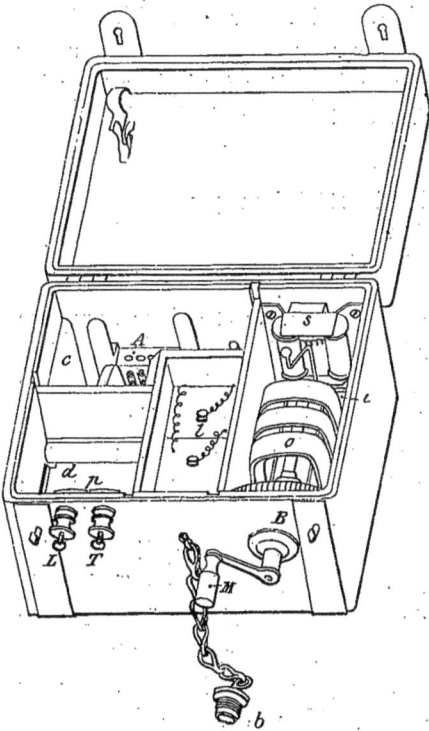

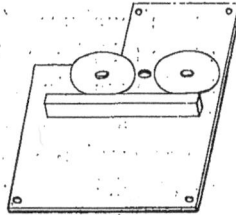

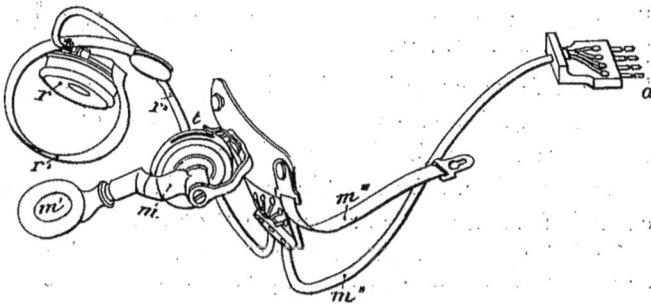

Fig. 20. — Appareil microtéléphonique.

on fixe sur les nervures n du socle fixe h le socle mobile m à l'aide de vis de pression. Enfin, on rend la liberté aux deux règles qui, pouvant tourner respectivement autour de K et de A_1, sont désormais prêtes à réaliser tous les triangles analogues à ACK, C étant un but mobile.

Appareil microtéléphonique

Description

Chaque poste téléphonique (fig. 20 et 21) se compose d'une boîte en bois renfermant :

1° Un microphone transmetteur à poudre de charbon m avec embouchure m' et élastique d'attache m''' ;

2° Un téléphone récepteur r avec serre-tête r' ;

3° Une machine magnéto-électrique o pour les appels ;

4° Une sonnerie polarisée s.

Le microphone est porté par l'opérateur ; il est maintenu attaché autour du cou par l'élastique m''' dont la tension est réglable ; des fils souples r'' et m'' recouverts de caoutchouc le relient au récepteur et à la boîte.

La magnéto est constituée par trois aimants entre les pôles desquels tourne une bobine en forme de navette. Les deux extrémités du fil de cette bobine aboutissent l'une à la masse et l'autre à une tige isolée traversant l'arbre et sur laquelle appuie un ressort. Un petit régulateur à force centrifuge établit au repos un contact entre les extrémités des fils de la bobine, ce qui met la magnéto en court circuit tant qu'on ne tourne pas.

La sonnerie n'offre rien de particulier ; elle est intercalée dans le circuit de la magnéto et de la ligne.

La boîte contient en outre un bouton d'appel c, une pédale d remplissant le même rôle que le bouton c, une bobine d'induction i qui permet à l'appareil de fonctionner à grande distance, enfin une pile sèche l (2 éléments) qui sert à alimenter le microphone.

Fonctionnement

Supposons que l'écouteur et le transmetteur soient au repos dans la boîte ; ils appuient alors sur la pédale d (position pointillée, fig. 21) et établissent ainsi la communication de la ligne avec la magnéto et la sonnerie tout en rompant le contact de la ligne avec le récepteur.

Le courant venant du poste voisin traversera donc la sonnerie s et la magnéto o. Comme cette dernière est en court circuit par suite de la présence du régulateur à

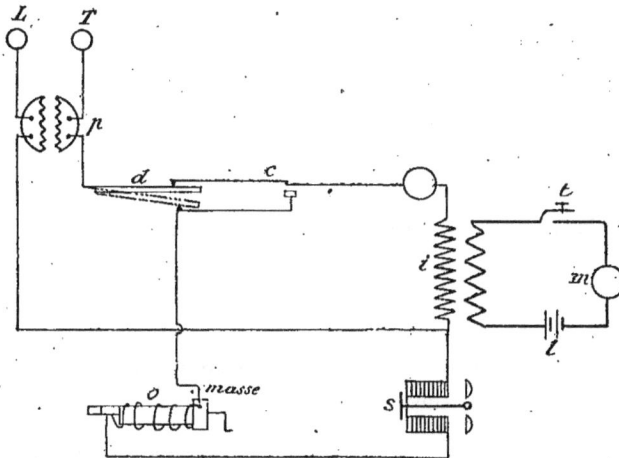

Fig. 21.

force centrifuge, il n'y a aucune résistance intercalée et la sonnerie fonctionnera. Au bruit de la sonnerie, le téléphoniste prévenu manœuvrera à son tour la magnéto au moyen de la manivelle M et enverra ainsi sur la ligne des courants qui feront résonner à la fois la sonnerie s et celle du poste voisin.

Lorsque les deux opérateurs sont prêts, ils coiffent le serre-tête, disposent convenablement l'embouchure m' du microphone et peuvent causer, car la pédale d qui s'est relevée (position en traits pleins) ferme le circuit de la ligne sur le récepteur *r* et la bobine d'induction *i*, tandis que le microphone *m*, traversé par le courant de la pile *l*, travaille sur la bobine d'induction *i*. Le bouton *c* paraît faire double emploi avec la pédale *d*; en réalité, il évite d'avoir à poser le récepteur sur cette pédale, si les correspondants veulent s'appeler sans enlever leur serre-tête.

Sur le circuit du microphone *m*, de la pile *l* et du primaire de la bobine *i* se trouve un contact *t*; il sert à fermer le courant de la pile, mais seulement lorsqu'on oriente l'embouchure du microphone pour causer. On évite ainsi la polarisation et l'épuisement de la pile quand on n'utilise pas l'appareil.

OBSERVATIONS

Nous venons de montrer comment le colonel de la Launitz a résolu le problème du télémètre de côte à grande base horizontale.

Cet examen aussi complet que possible de l'organisation préconisée en Russie nous amène à présenter quelques observations.

La première condition à remplir est la précision. Or, de nombreuses expériences ont montré que l'erreur moyenne des mesures était voisine de 1 p. 100 de la distance, ce qui est un résultat satisfaisant. D'autre part, les lectures sont faciles à faire, par suite des grandes dimensions des appareils; l'usage toujours délicat du vernier a été ainsi évité.

Grâce à l'appareil *extrapolateur*, le télémètre peut tenir compte automatiquement du mouvement de l'objectif; il permet donc de faire le tir par conjecture (*predicting firing* des Anglais). Il est assez difficile de déterminer exactement l'écart qui peut se produire entre le point conjecturé et la position réelle du but, à cause du grand nombre des variables du problème. Cependant, en faisant des constructions graphiques dans les cas les plus variés, tout en restant dans les limites de la réalité, on ne prévoit pas d'erreurs importantes — à condition, bien entendu, que le temps d'observation soit restreint et que le trajet du bateau pendant ce temps puisse être considéré comme petit par rapport aux portées.

La rapidité des mesures est tout à fait du même ordre que la vitesse de tir des batteries russes. Il semble cependant que la manœuvre pour mettre en mouvement et arrêter le mécanisme extrapolateur soit délicate et qu'elle fasse perdre un peu de temps ; néanmoins, on obtient très facilement six indications télémétriques par minute, *au minimum*.

L'ensemble des instruments de mesure est simple et robuste ; l'emploi, pour les limbes et les règles, du laiton nickelé, qui évite la rouille, paraît judicieux. La communication téléphonique, au contraire, donne lieu, à première vue, à des critiques assez nombreuses (boîte peu robuste, connexion difficilement accessible, régulateur à force centrifuge d'un fonctionnement délicat, sonnerie polarisée difficile à régler, piles sèches dont l'emploi peut donner lieu à des mécomptes, isolements sommaires, etc.), mais il y a lieu aussi de signaler tout particulièrement la disposition relative fort ingénieuse du transmetteur et du récepteur, qui laisse au téléphoniste le libre usage de ses deux mains (fig. 19) et lui permet par conséquent de remplir en même temps les fonctions d'observateur.

Le télémètre est bien approprié aux deux genres de tir et s'applique facilement aux règles de tir de l'artillerie de côte russe, mais son emploi dans le cas du pointage direct paraît assez délicat.

La difficulté relative aux erreurs d'objectifs, qui est inhérente à tous les télémètres à grande base, est résolue en principe, mais nécessite encore l'adjonction d'un télémètre auxiliaire.

Bref, la solution présentée, qui est le résultat du travail de plusieurs années du colonel de la Launitz, est intéressante dans son ensemble et méritait d'être examinée dans ses détails. Elle a d'ailleurs valu à son auteur une des plus hautes récompenses attribuées aux officiers de l'artillerie russe, le grand prix Michel([1]) qui est attribué tous les cinq ans à l'auteur du travail jugé le meilleur et le plus utile à l'arme.

*
* *

Annexe

Triangle de visée (fig. 22). — Dans le cas de tir à pointage direct, on pourrait déterminer la correction en di-

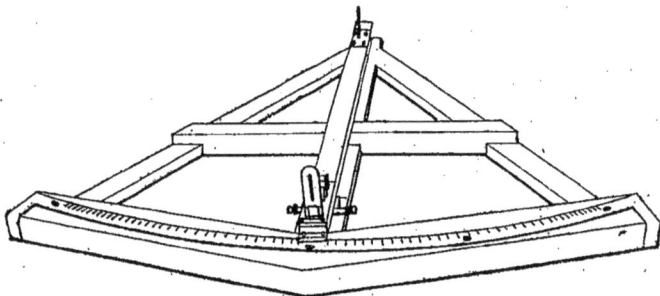

Fig. 22. — Triangle de visée.

rection au moyen de la graduation de la crémaillère circulaire *39* (voir p. 21), en opérant de la même façon que

([1]) Voir *Artilleriiskii Journal*, n° 2 de 1902. (*Partie officielle*, p. 773.)

pour la portée (avec le curseur 25). Mais, en fait, pour ne pas augmenter outre mesure le travail du télémétriste A, on préfère recourir à un observateur spécial qu'on munit d'un *triangle de visée*. Cet observateur mesure, pendant le temps *t,* le déplacement angulaire du bâtiment à atteindre et, à l'aide d'une table à double entrée, il en déduit la correction relative à la durée du trajet θ, correction qu'il annonce au commandant de batterie.

Nancy, impr. Berger-Levrault et Cie

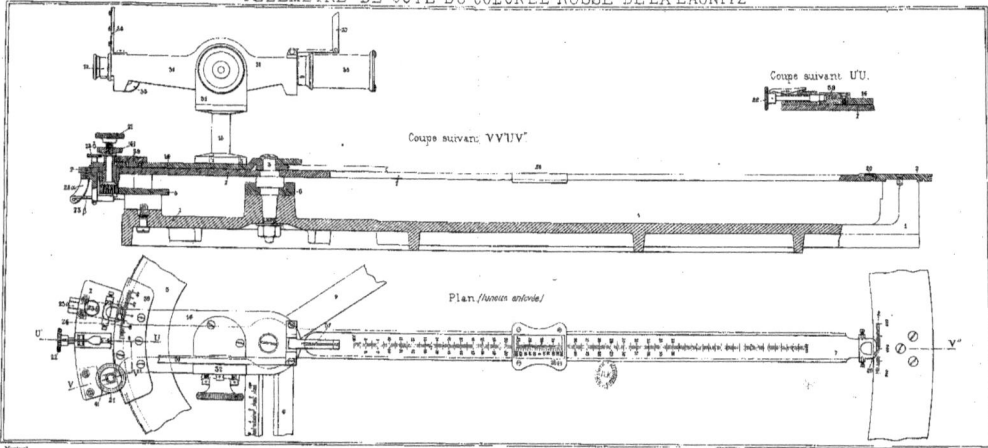

Coupe suivant U'U.

Coupe suivant V'V'U'V''

Plan /lunette antérieure/

BERGER-LEVRAULT ET Cie, ÉDITEURS

PARIS, 5, RUE DES BEAUX-ARTS — RUE DES GLACIS, 18, NANCY

Général PERCIN

Évaluation des Distances

RECONNAISSANCE DES OBJECTIFS ET DU TERRAIN

1906. Brochure in-8, avec une planche hors texte . . . . . **60** c.

www.ingramcontent.com/pod-product-compliance
Lightning Source LLC
Chambersburg PA
CBHW071203200326
41519CB00018B/5346